물리화학실험

이학일 · 노승백 · 최중재 공저

계명대학교 출판부

물리화학실험

초판1쇄 발행 2014년 8월 27일
초판2쇄 발행 2019년 9월 26일

지 은 이 이학일 · 노승백 · 최중재
펴 낸 이 신일희
펴 낸 곳 계명대학교출판부
출판등록 제347-1998-1호(1970. 9. 1.)
주 소 대구광역시 달서구 달구벌대로 1095
대표전화 053-580-6233
팩 스 053-580-6235

ISBN 978-89-7585-679-2 93430 정가 10,000원

● 이 도서의 국립중앙도서관 출판시도서목록(CIP)은 서지정보유통지원시스템 홈페이지(http://seoji.nl.go.kr)와 국가자료공동목록시스템(http://www.nl.go.kr/kolisnet)에서 이용하실 수 있습니다.(CIP제어번호: CIP2014024604)

머리말

물리화학은 화학공학과 교과과정에서 수강하여야하는 기초 이론과목의 하나로서, 화학을 기초로 하는 과학자들이 가지고 있어야할 개념을 습득하기 위해서 알아야할 필수과목입니다. 물리화학은 특히 실험과정을 통하여 실험과정과 실험에서 얻어지는 수치나 현상에 대한 이론과 개념을 이해하고 전반적인 실험 방법에 대한 고찰과 실질적인 습득이 가능하기에 그 중요성이 있는 과목입니다. 따라서 계명대학교에서는 물리화학을 화학공학과 교과과정에서 수강하여야하는 필수과목으로 정하였고, 2학기에 걸쳐서 이수하게 되어 있습니다. 두 학기에 걸쳐서 배우게 되는 물리화학을 실제 응용을 통하여 여러 법칙을 검증하여보고 또한 실용적으로 응용하는 시점에서는 어떠한 이론적 변형이 필요한지 혹은 이를 이루기 위하여 어떤 점들을 강조하거나 무시할 수 있는지 등등 현장에서 필요한 적응력이나 창조성을 배양하는 기회가 되는 시간으로 사용하기를 바랍니다.

목 차

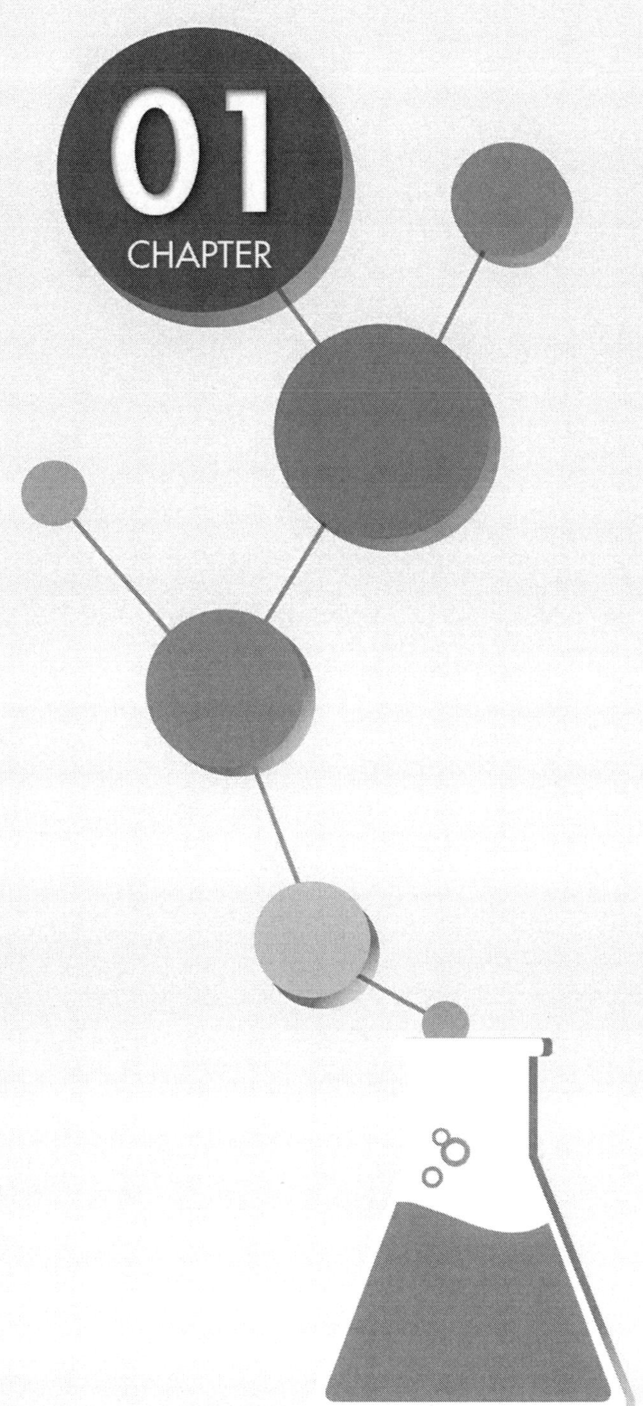

실험 전에 알아야 할 중요 사항

실험실에서의 안전은 가장 우선시 하여야하는 사항이며 이는 실험실의 책임자의 문제만이 아니고 실험실에 존재하는 모든 학생들이 지켜야 하는 필수 사항이다. 실험 시작 전에 모든 주의 사항을 충분히 이해하여야하며 항상 안전한 방식으로 실험을 하여야한다. 또한 실험실 내에 있는 소화기, 안전 샤워기, 눈 세척 장치 등 안전 장치의 위치와 사용법을 알아 두어야한다.

물리화학실험

1.1 실험실에서 지켜야 할 중요 사항

가. 실험실에서는 실험가운과 안전고글을 착용하고 긴 머리는 묶어야하며 샌들을 착용하여서는 안 되고 가연성 물질을 실험대에 놓지 않는다.

나. 실험실 내에서는 음식물을 먹거나 마셔서는 안 된다.

다. 실험 전에 실험에 사용할 시약이나 기기, 기구에 대하여 이해하여야하며 이상이 있으면 즉시 보고하여야한다.

라. 주어진 실험 이외의 실험을 하여서는 안 된다.

마. 사용한 기구는 깨끗이 씻어 두어야하며 실험실을 떠나기 전에 손을 씻어야 한다.

바. 사고 시에는 즉시 실험실 책임자에게 알린다.

사. 시험관을 이용하여 시료를 가열하거나 반응을 시킬 때에 시험관의 입구는 자신이나 다른 사람을 향하게 해서는 안 된다.

아. 별도의 지시가 없는 한 시약의 냄새나 맛보기를 임의로 시도해서는 안 된다. 시약병을 사용할 경우 라벨이 있는 쪽을 손으로 감싸고 사용하여 라벨이 손상되지 않도록 한다.

자. 농도가 센 산(acid)에 물을 부어서 농도를 희석해서는 안 되고 물이 든 비커나 플라스크에 산을 조금씩 넣어야 한다.

차. 피펫을 입으로 조작해서는 안 되며 suction bulb를 사용하도록 한다.

카. 휘발성이 있는 용매는 뚜껑이 없는 비커가 아닌 플라스크에 담아서 사용하고 독성이나 악취가 심한 시약은 반드시 후드 내에서 다루어야 한다.

타. 만일 사용한 시약이나 화학 약품을 흘렸을 경우 깨끗하게 처리하여야하며 방법을 모를 경유 실험실의 책임자에게 알린다.

파. 시약이나 화학 약품, 반응물 등을 싱크대에 버려서는 안 된다.

하. 깨진 유리 기구는 지정된 용기에 버려야 한다.

1.2 유효 숫자 계산법

모든 측정은 근사치이며 불확실성을 가진다. 따라서 측정의 결과를 수치로 표시할 때에 마지막 자릿수는 불확실한 값이다. 유효 숫자 계산법은 이러한 불확실한 값의 숫자를 계산에 사용할 경우에 결과를 표시하는 방법을 말한다. 유효 숫자의 수는 첫 번째 0이 아닌 수부터 모든 수를 세고, 소수점에 사용된 0은 제외하나 소수점아래에서 숫자 뒤의 0은 유효하다. 이러한 유효 숫자들의 연산의 결과는 계산에 사용된 숫자 가운데 가장 부정확한 측정에 의하여 결정된다. 따라서 덧셈과 뺄셈의 결과는 소수점 자리가 가장 작은 자리로 결정되고 곱셈과 나눗셈의 결과는 유효 숫자가 가장 작은 수가 답이 된다. 모든 결과는 반올림의 규칙을 따라야 한다. 반올림 규칙의 하나로서 반올림의 경우 5보다 작으면 버리고 5보다 크면 올려준다(예를 들면 13.7은 14로, 13.4는 13으로 결정 한다). 만일 5일 경우 다음 숫자가 존재하면 올려준다(예를 들면 13.51은 14로 한다). 만일 5일 경우 다음 숫자가 존재하지 않으면 5앞의 숫자로 결정하되 이 숫자가 홀수이면 올려주고 짝수이면 변하지 않는다(예를 들면 13.5는 14로 14.5는 14로 한다). 특히 계산기를 사용할 때에는 각 부분의 유효 숫자를 명심하여야 정확한 유효 숫자를 가진 답을 얻을 수 있으므로 조심하여야한다.

더 자세한 내용과 오차 계산법은 책의 마지막 부분인 부록에 기록이 되어있으므로 참조하면 된다.

1.3 실험 보고서 작성법

실험 보고서는 다음과 같은 양식으로 작성하여서 실험을 직접 하지 않은 사람이라도 실험 내용을 이해 할 수 있게 한다.

실험보고서
○ 실험제목 : ○ 일　　시 : ○ 지도교수 :
작 성 자 : (학년/학번) 실 험 조 : 공동실험자 :

가. 실험 제목

나. 날짜와 작성자 (공동 실험이면 공동 실험자의 이름)

다. 요약: 간단하게 어떤 실험을 하였으며, 사용한 방법(method)과 얻어진 결과를 쓰고 이론적 값이나 문헌상의 값과 비교한다.

라. 실험의 목적과 이론: 실험의 목적, 역사적 고찰, 실험범위 등을 총괄적으로 설명하고 필요하면 간단한 식으로 어떤 데이터를 얻었는지를 설명한다. 또한 실험의 원리 및 실험자료 해석에 필요한 이론과 계산 및 해석의 근거를 명확하게 제시한다. 실험을 수행함에 있어서 사용한 장치의 원리, 조작방법과 장치의 특성을 자세히 기술하고, 이러한 장치를 사용하여 어떠한 방법으로 실험하였는지를 기록함으로서 다른 사람이 동일한 방법으로 실험을 하였을 경우에도 같은 결과가 얻어질 수 있어야 한다.

마. 데이터: 실험에서 얻어진 데이터를 표나 그래프의 형식으로 정리를 한다.

바. 결과: 얻어진 데이터를 처리한 결과를 식이나 그림으로 설명한고 이론적으로 기대되는 값이나 문헌의 값들과 비교한다. 이 자료를 해석·고찰함으로

서 목적하였던 바와 같은지를 검토한다. 동시에 이 결과가 다른 연구자들의 결과와 어떠한 관계가 있는지를 고찰한다.

사. 토론(discussion): 얻어진 결과에 대하여 설명하고 사용한 방법의 장(단)점과 이를 보완 할 수 있는 방법을 제시한다. 예를 들어서 보고서 작성에 사용한 기호를 알파벳, 그리스어 순으로 정리하고, 설명과 단위를 기록한다.

아. 문헌: 인용한 문헌이 있으면 저자, 제목, 년도 순으로 적는다.

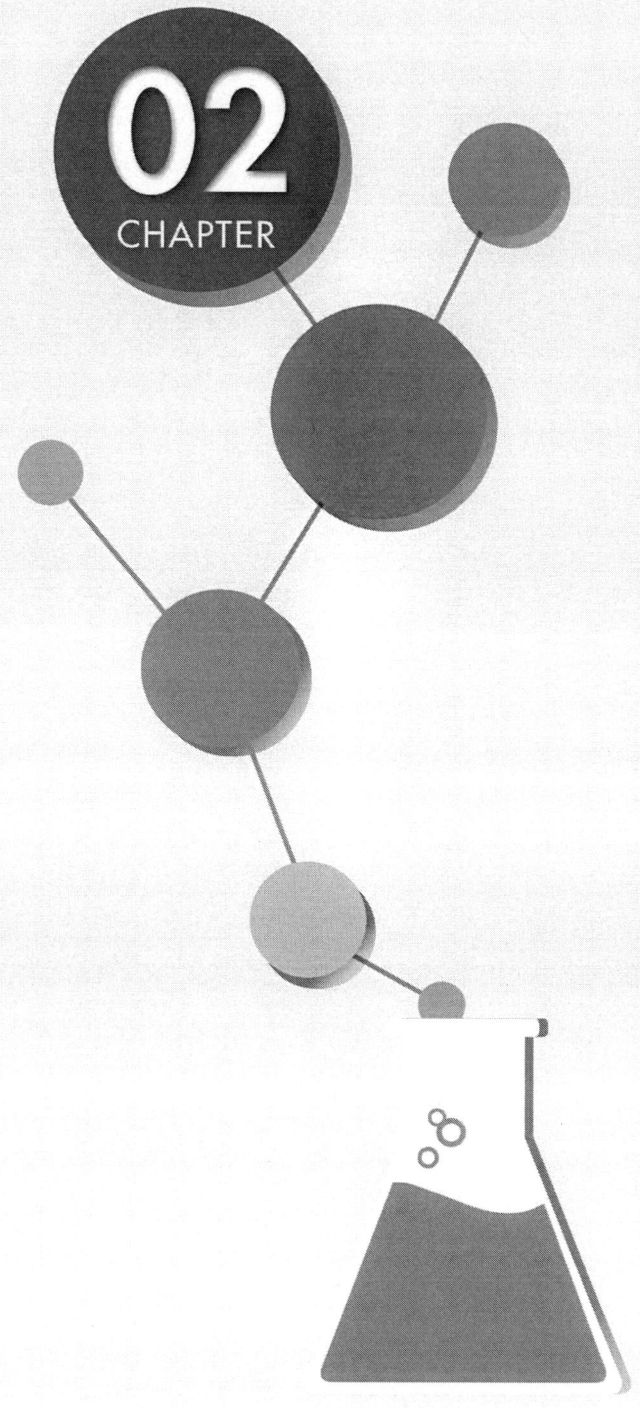
02
CHAPTER

실 험

물리화학실험

어는점 내림에 의한 분자량 측정
(Molecular Weight Determination by Measuring the Depression of Freezing Point)

목적

용액(Solution)을 나타낼 수 있는 성질 중에서 용액에 녹아있는 용질(Solute)의 종류에 무관하게 용질의 분자 수에 의하여 결정되는 성질을 총괄적 성질이라고 한다. 끓는점 오름이나 어는점 내림이 이에 속한다. 어는점 내림을 이용하여 용질의 분자량을 측정하는데 사용하는 방법을 알아본다.

이론

총괄성은 묽은 용액에서 용질의 종류가 아닌 분자의 수에 기인하는 용액의 특성을 말하는데 용질에 의한 용매(Solvent)의 화학 퍼텐셜이 감소하여 발생한다. 용액 속의 용매의 화학 퍼텐셜 μ_A는 용질이 없는 순수한 용매의 화학 퍼텐셜 μ_A^*과 용매의 몰분율 x_A을 이용하여 다음 식으로 표현 할 수 있다.

$$\mu_A = \mu_A^* + RT\ln x_A$$

깁스-헬름홀츠 식을 사용하고 묽은 용액의 경우를 가정하면, 위의 식으로부터 용질의 몰분율 x_B에 따른 어는점 내림을 나타내는 다음의 식을 얻는다.

$$\triangle T = Kx_B$$

위의 식을 x_B 대신 용질의 몰랄 농도 m_B로 표시하면 다음과 같고,

$$\Delta T = K_f m_B$$

이 식에서 K_f는 몰랄 어는점 내림 상수(molal freezing point depression constant)라 부른다.

따라서 용매의 양을 알고 정해진 용질을 녹여서 만든 용액과 순수한 용매의 어는점 차이 ΔT를 측정하면 용질의 분자량을 계산할 수 있다. 몰랄 농도는 용매 1kg에 존재하는 용질의 몰 수를 표시하므로 다음과 같이 쓸 수 있다.

$$m_B = \frac{W_B}{M_B} \times \frac{1000}{W_A}$$

W_B는 분자량을 얻고자하는 물질 즉 용질의 무게이고, M_B는 용질의 분자량을, W_A는 용매의 질량이다. 따라서 위 두 식을 합하면 다음과 같은 식이 얻어 진다.

$$\Delta T = K_f \times \frac{W_B}{M_B} \times \frac{1000}{W_A}$$

표. 순수 용매의 어는점과 몰랄 어는점 내림 상수

용매	어는 점 (℃)	K_f (℃ kg mol^{-1})
벤젠	5.5	5.12
나프탈렌	80.2	6.94
물	0.0	1.86
페놀	42	7.27
초산	16.6	3.90
사염화탄소	-22.9	30.0
니트로벤젠	5.67	6.9
사이클로 헥산	6.5	20.0

실험 과정

어는점 내림은 액체 상태의 순수한 용매나 용액의 온도를 낮추면서 온도 변화로 측정 할 수 있다. 액체 상태에서 온도를 낮추면 온도가 어는점까지 시간에 따라 서서히 내려갈 것이다. 어는 점(온도)에서는 모든 용액이 얼 때까지 온도변화는 없게 된다. 따라서 용액의 온도를 측정하면 온도 변화가 상당한 기간 동안 없으면 그 온도가 어는점이 된다. 아래의 그림은 순수한 용매와 용액의 냉각 곡선을 나타낸 것이다. 순수한 용매의 경우는 어는점에서 용액에 완전히 얼 때까지 온도 변화가 없으나 용액의 경우에는 온도는 계속 하강한다. 이는 고체가 생성되면서 용액의 농도는 계속 증가하기 때문이다. 용액의 어는점은 이 두 개의 직선이 만나는 온도가 어는점이 되는데 이는 점에서만 용매의 양을 알 수 있기 때문이다. 이 실험에서는 벤젠과 나프탈렌, 사이클로 헥산과 나프탈렌 조합을 이용하여 분자량을 구하고자 한다.

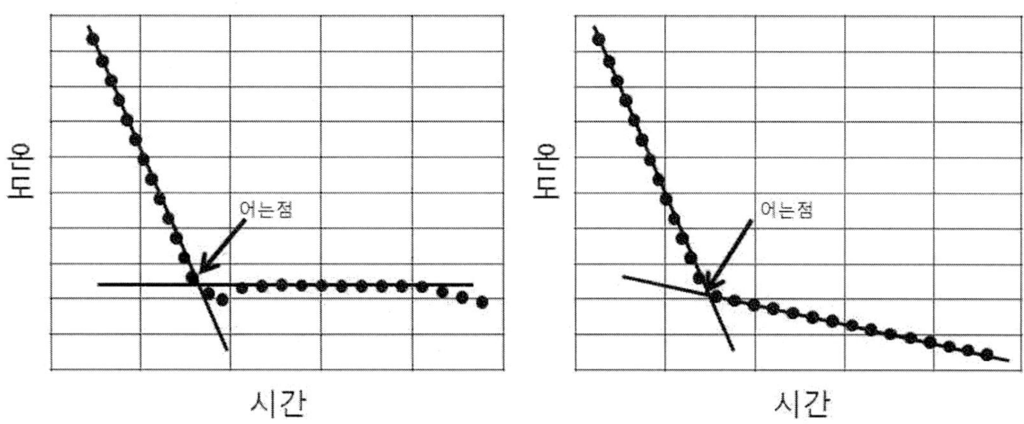

준비물: 눈금 온도계, 비커, 시험관, 유리 막대 젓개, 알코올램프, 삼발이, 석면, 클램프, 스탠드, 초시계, 벤젠, 나프탈렌, 사이클로 헥산, 얼음, 소금, 그래프용지

벤젠(benzene)과 나프탈렌(naphthalene) 조합

벤젠의 어는점 측정

가. 가능한 한 후드를 사용하여 실험한다. 깨끗한 시험관(3 cm X 20 cm)을 비커에 넣고 무게를 단 다음 벤젠을 20 mL를 시험관에 놓고 다시 무게를 측정한다. 이 비커는 시험관 무게를 달기 위한 것이다. 시험관을 그림과 같이 500 mL 비커 속에 고정 시킨다. 시험관 안에 온도계를 넣고 고정시키는데 온도계는 시험관 바닥에 닿지 않게 약 1 cm 정도 떨어지게 놓는다.

나. 얼음과 물을 비커에 채우고 시험관 속에 있는 벤젠의 표면이 비커 내 얼음물 표면 아래로 내려가도록 한다. 벤젠이 균일하게 만들기 위하여 유리 막대 젓개로 잘 저으면서 매 15초마다 온도를 읽어 기록한다. 마련된 그래프 용지에 시간과 온도의 냉각 곡선을 그린다 (위의 그림에서 보듯이 일반적인 냉각 곡선 그래프는 온도를 세로축에, 시간을 가로축에 나타낸다). 순수 용매이므로 냉각 곡선 그래프에서 온도가 시간에 따라 변하지 않는 수평부분을 직선으로 그어서 세로축과 만나는 점이 어는점을 나타낸다. 이때 벤젠을 잘 저어 주어야 위 그래프와 같은 데이터를 얻을 수 있으므로 데이터가 만족스럽지 않을 경우 벤젠이 들어있는 시험관을 꺼내어 상온의 온도가 되게 하여 다시 실험을 한다. 이 때 벤젠의 냄새를 맡지 않도록 주의 한다.

벤젠–나프탈렌 용액의 어는점 측정

벤젠이 들어있는 시험관을 꺼내어 실온과 같아질 때까지 기다린다. 약 2 g 정도의 나프탈렌 무게를 정확히 측정한 후에 벤젠이 들어있는 시험관에 넣고 잘 녹인다. 벤젠-나프탈렌 용액이 들어 있는 이 시험관을 위의 순수한 벤젠의 실험과 같은 방법으로 실험하여 벤젠-나프탈렌 용액의 냉각 곡선 그래프를 얻도록 한다.

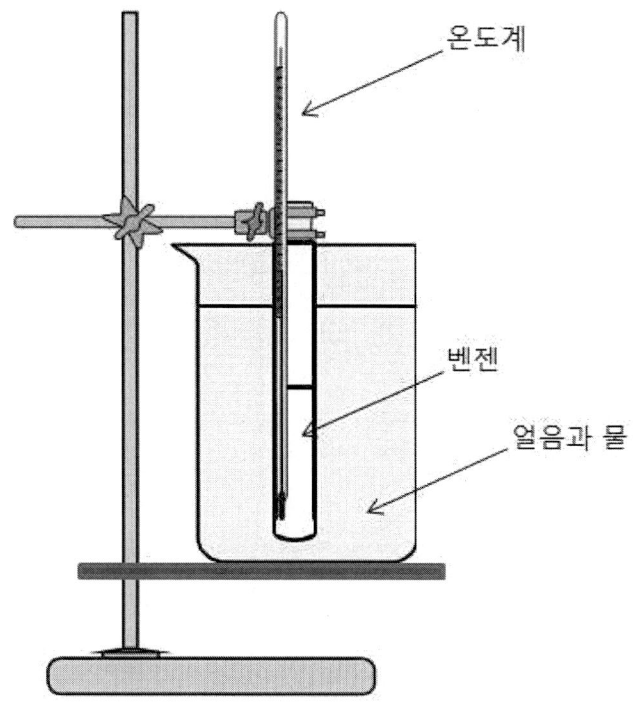

사이클로 헥산과 나프탈렌 조합

깨끗한 시험관을 비커나 삼각플라스크에 넣고 무게를 단다. 사이클로 헥산을 피펫을 사용하여 10 mL를 시험관에 놓고 다시 무게를 측정하여 순수한 사이클로 헥산의 무게를 얻는다. 고무마개에 온도계와 젓개를 설치하고 시험관에 끼워 넣는다. 순수 벤젠의 경우와 동일한 방식으로 얼음물이 든 비커에 시험관을 고정시키고 어는점을 측정한다. 약 150 mg의 나프탈렌 조각의 무게를 정확하게 측정한다. 이를 10 mL의 사이클로 헥산이 든 시험관에 넣고 완전하게 녹을 때까지 약하게 흔들어 준다. 벤젠-나프탈렌 용액의 어는점 측정과 같은 방법으로 데이터를 구한다. 이때 얼음물에 소금을 첨가하여 사용하도록 한다.

계산

어느점 내림에 의한 분자량 측정

실험일시	실험 조	온도 (℃)	학번, 성명

1. 벤젠-나프탈렌 의 무게 측정

	1차 시도	2차 시도	평균값
빈 시험관 무게 (g)			
(빈 시험관+벤젠)의 무게 (g)			
벤젠의 무게 (g)			
나프탈렌의 무게 (g)			

2. 시간-온도측정(벤젠)

시간	온도 (℃)	시간	온도 (℃)

3. 시간-온도측정(벤젠-나프탈렌)

시간	온도 (℃)	시간	온도 (℃)

4. 데이터 정리

	1차 시도	2차 시도
벤젠의 어는 점 (T_f)		
벤젠-나프탈렌 용액의 어는점 (T_f')		
ΔT_f		
나프탈렌 분자량 $\Delta T = K_f \times \frac{W_B}{M_B} \times \frac{1000}{W_A}$		

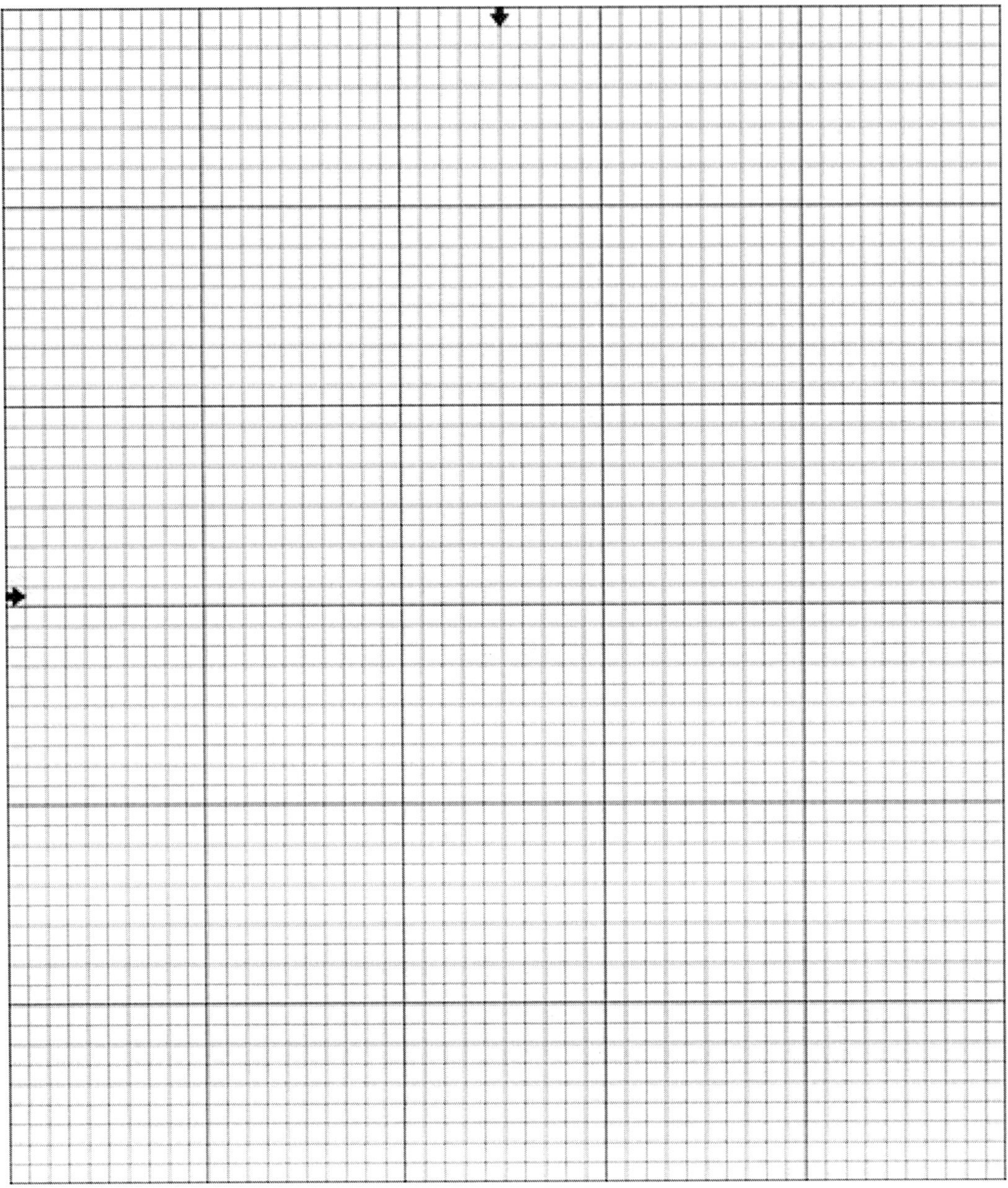

중점 논의

1. 겨울에는 눈이나 얼음이 있는 길에 소금($NaCl$)을 뿌린다. 왜 그런가? 소금대신 염화칼슘($CaCl_2$)을 사용하면 어떤 효과가 있는가?

2. 실험도중 벤젠이 증발하였다면 결과에 어떤 영향을 끼치는가?

3. 바다의 소금의 농도는 얼마가 되는가? 소금의 농도로 바닷물이 어는점을 계산하면 얼마가 되는가? 이때 생성되는 얼음의 맛은 어떤 맛으로 예상되는가? 만일 바닷물을 비커에 담아서 온도를 내리면 어는점과 얼음의 맛은 어떻게 예상하는가?

액체의 밀도 측정
(measurement of density)

목적

물질의 특성을 나타내는 성질로서 녹는점, 어는점, 밀도 등을 예를 들 수 있다. 이 상수 값은 양이나 용기의 모양에 무관한 값이어서 물질을 구분하는데 사용할 수 있다. 이 실험에서 비중병을 이용하여 밀도를 측정하는 방법을 알아보기로 한다.

이론

어떤 물체의 질량(m)과 부피(V)가 주어지면 밀도는 다음과 같이 정의한다.

$$\rho = \frac{m}{V}$$

SI단위는 kg/m^3이지만 실험에서는 g/cm^3이 더 편리한 단위이다. 부피는 온도에 따라 변하므로 밀도도 온도에 따라 다르다. 실험에서는 비중병을 사용하는데 비중병은 플라스크와 모세관 구멍이 있는 뚜껑으로 되어있고 온도계가 부착된 일치형도 있다. 우선 증류수를 사용하여 비중병을 채운 후 무게를 측정하면 증류수의 온도에 따른 밀도 표를 사용하여 비중병의 부피를 위 식을 사용하여 구한다. 다시 값을 알고자하는 액체를 사용하면 식은 다음과 같고 이로부터 원하는 밀도 값을 구한다. 모든 측정은 온도가 변하지 않는다는 조건 아래에서 행하여야한다.

$$V = \frac{m_{H_2O}}{\rho_{H_2O}}, \quad V = \frac{m_L}{\rho_L} \Rightarrow \frac{m_{H_2O}}{\rho_{H_2O}} = \frac{m_L}{\rho_L} \Rightarrow \rho_L = \frac{m_{H_2O}}{m_L}\rho_{H_2O}$$

표. 증류수의 온도에 따른 밀도

온도 (℃)	밀도 (g/cm^3)
15	0.99996
16	0.99994
17	0.99990
18	0.99985
19	0.99978
20	0.99820
21	0.99799
22	0.99777
23	0.99754
24	0.99730
25	0.99705

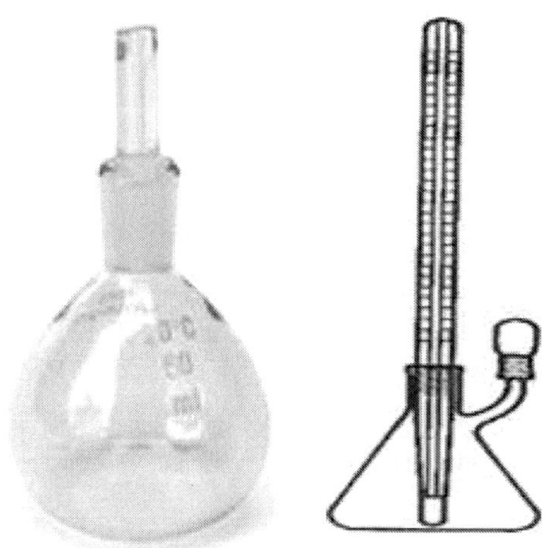

실험 과정

준비물: 비중병, 저울, 온도계, 눈금 실린더, 에탄올

가. 비중병은 사용 전에 깨끗한 상태이어야 한다. 우선 증류수를 비중병에 1/3 정도 채우고 비중병 안에 공기 방울이 없게 한 후에 증류수를 완전히 채운다. 비중병과 증류수의 무게를 측정하여 위 식과 테이블에서 비중병의 부피를 구한다.

나. 비중병은 사용 전에 깨끗한 상태이어야 한다. 우선 시료 액체를 비중병에 1/3정도 채우고 비중병 안에 공기 방울이 없게 한 후에 시료를 완전히 채운다. 비중병과 시료의 무게를 측정하여 위 식으로 밀도를 구한다. 시료는 에탄올 무게의 비율이 0 - 100 %인 용액을 사용한다. 참고로 온도 25(℃)에서 에탄올의 밀도는 0.791 g/mL이다.

계산

1. 액체의 밀도 측정

실험일시	실험 조	온도 (℃)	학번, 성명

비중병을 이용한 에탄올과 물의 조성별 밀도 측정

<table>
<tr><td>빈 비중병 무게 (g)</td><td rowspan="4">확인</td><td>증류수 + 비중병</td><td rowspan="4">확인</td></tr>
<tr><td rowspan="3"></td><td></td></tr>
<tr><td>지급한 용액 + 비중병</td></tr>
<tr><td></td></tr>
</table>

비중병 부피:

2. 지급된 용액의 밀도:

에탄올 수용액 10–90(%(w/w)) 제조 과정 계산

에탄올의 조성 (%(w/w))	(지급한 용액 + 비중병)의 무게	밀도 (g/mL)
0		
10		
20		
30		
40		
50		
60		
70		
80		
90		
100		

중점 논의

1. 비중병 내의 공기 방울이나 온도 변화에 따라 값이 변할 수 있다는 점을 기억한다.

2. 위의 실험 결과를 그래프로 그려 결과를 이상 용액의 경우와의 차이를 비교하시오.
   두 개의 성분으로 이루어진 계에서 분몰 부피는 다음과 같이 정의 된다.

$$V_A = \left(\frac{\partial V}{\partial n_A}\right)_{T, P, n_B}$$

이 식에서 V는 총 부피이고 는 물질 A의 몰 수이다. 그러므로 분몰 부피는 미량의 물질 A를 용액에 더하였을 때 물질 A 몰 당 총 부피의 변화를 표시한다. 따라서 몰 수가 각각 n_A 와 n_B 인 두 물질 A와 B를 섞었을 때 예상되는 총 부피는

$$dV = V_A dn_A + V_B dn_B \Rightarrow V = n_A V_A + n_B V_B$$

가 되고 이를 총 몰 수 $n(=n_A + n_B)$로 나누면 다음과 같은 분 분율 식을 얻을 수 있다.

$$\overline{V} = x_A V_A + x_B V_B,\ x_A = n_A/n,\ x_B = n_B/n$$

만일 이상 용액의 경우라면 분몰 부피와 순수 액체의 몰 부피가 같으므로 물질 A와 B의 질량을

$$m_A = \rho_A n_A V_A, \quad m_B = \rho_B n_B V_B$$

로 쓸 수 있고 총 질량과 부피는 다음과 같다.

$$m = \rho_A n_A V_A + \rho_B n_B V_B, \quad V = n_A V_A + n_B V_B$$

따라서 이 용액의 밀도는

$$\rho = \rho_A \frac{n_A V_A}{V} + \rho_B \frac{n_B V_B}{V} = \rho_A \frac{n_A V_A}{V} + \rho_B (1 - \frac{n_A V_A}{V})$$

이 된다. 이는 용액의 밀도가 용량비(=A의 부피/전체 부피)의 1차 함수임을 뜻하고 이를 용액의 밀도를 용량비로 나타내면 다음 그래프에서 보듯이 일직선(점선)이 된다.

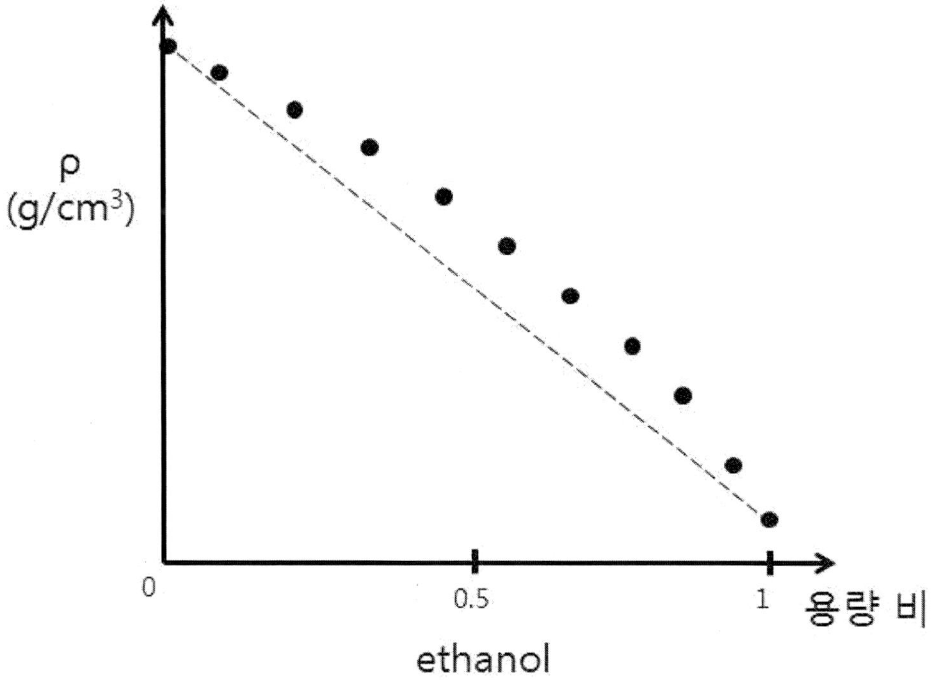

에탄올-물 용액의 밀도를
에탄올의 용량 농도 비(volume ratio)로 나타낸 그래프.

3. 만일 중량 퍼센트 농도 %(w/w)를 사용하지 않고 용량 퍼센트 농도(by volume)를 사용하여 에탄올 부피 0 - 100 %의 용액으로 실험을 하고 얻은 농도를 에탄올의 부피 율로 그래프를 그리면 어떤 결과를 예상할 수 있는가?

4. 실험에서 얻은 농도 데이터를 에탄올의 부피 율이 아닌 물의 부피 율로 그래프를 그리면 어떤 결과를 예상할 수 있는가?

5. SI단위에는 어떤 것들이 있는가?

분몰 부피 측정
(measurement of partial molar volumes)

목적

액체의 밀도 측정 기술을 익힌 후에 이를 이용하여 분몰 부피를 측정한다. 측정에는 소금(NaCl)과 물을 사용하여 용액의 부피 변화를 측정하고자 한다. 부피의 변화는 온도, 압력과 각 용액을 이루는 성분의 양으로 식을 구할 수 있는데 이상적인 값인 영과 다른 값이 나오는 경우는 용액의 비이상성으로 인한 것이다.

이론

온도와 압력이 일정한 조건에서 두 성분으로 이루어진 용액의 경우 각 성분의 양 변화로 인한 부피의 변화는 다음 식으로 표시할 수 있다.

$$dV = \left(\frac{\partial V}{\partial n_1}\right)_{T,P,n_2} dn_1 + \left(\frac{\partial V}{\partial n_2}\right)_{T,P,n_1} dn_2$$

이 식에서 분몰 부피는 다음과 같이 정의한다.

$$V_1 = \left(\frac{\partial V}{\partial n_1}\right)_{T,P,n_2}$$

따라서 위 식은 아래와 같이 바꾸어서 쓸 수 있다. 즉 용액의 부피는 분몰 부피 값으로 부터 구할 수 있다.

$$dV = V_1 dn_1 + V_2 dn_2$$

$$V = V_1 n_1 + V_2 n_2$$

예를 들어서 섭씨 20도 온도에서 물과 에탄올의 혼합 용액을 가정하면 V^*_{H2O}과 V^*_{EtOH}는 각각 18.0 ml/mol 과 58.0 ml/mol 의 값을 가진다. 만일 이들 각각 2몰을 취하여 섞어서 용액을 만들 때 이상 용액이면 부피는 다음과 같이 152ml가 될 것이나 몰 비 x=0.5에서는 각각의 분몰 부피가 16.9ml/mol 과 57.4ml/mol이 되어서 실제 측정된 부피는 148.6ml이다.

$$V = 2\,\text{mol} \times 18\,\text{ml/mol} + 2\,\text{mol} \times 58\,\text{ml/mol} = 152\,\text{ml}$$

$$V = 2\,\text{mol} \times 16.9\,\text{ml/mol} + 2\,\text{mol} \times 57.4\,\text{ml/mol} = 148.6\,\text{ml}$$

두 개의 성분을 가진 용액이라면 간단히 용액의 밀도를 측정하면 분몰 부피를 구할 수 있다. 이 실험에서 사용되는 NaCl과 H_2O의 용액이라면 필요한 식은 다음과 같이 유도 한다. 순수한 물의 몰 부피를 $V^*_{H_2O}$ 라 하고 ϕ_{NaCl}을 소금 용액의 "겉보기" 몰 부피(apparent molar volume)라고 하자. "겉보기" 몰 부피란 물의 부피가 용액의 부피에 일치하기 위하여 필요한 소금 용액의 몰 부피를 말한다.

$$V = V_{H_2O} n_{H_2O} + V_{NaCl} n_{NaCl} = V^*_{H_2O} n_{H_2O} + \phi_{NaCl} n_{NaCl}$$

위의 식을 물과 에탄올 용액에 적용하면 위 식은 다음과 같이 되며

$$V = V^*_{H_2O} n_{H_2O} + \phi_{EtOH} n_{EtOH} \Rightarrow 148.6\,\text{ml} = 2\,\text{mol} \times 18\,\text{ml/mol} + 2\,\text{mol} \times \phi_{EtOH}$$

이로부터 에탄올 용액의 "겉보기" 몰 부피 값은 56.3 ml/mol이 된다.

분몰 부피 식은 "겉보기" 몰 부피를 이용하면 다음과 같이 정리 된다.

$$V_{\mathrm{NaCl}} = \left(\frac{\partial V}{\partial n_{\mathrm{NaCl}}}\right)_{T,P,\,\mathrm{H_2O}} = \phi_{\mathrm{NaCl}} + n_{\mathrm{NaCl}}\left(\frac{\partial \phi_{\mathrm{NaCl}}}{\partial n_{\mathrm{NaCl}}}\right)_{T,P,\,\mathrm{H_2O}}$$

$$V_{\mathrm{H_2O}} = \frac{V - n_{\mathrm{NaCl}} V_{\mathrm{NaCl}}}{n_{\mathrm{H_2O}}} = \frac{1}{n_{\mathrm{H_2O}}}\left[n_{\mathrm{H_2O}} V^*_{\mathrm{H_2O}} - n^2_{\mathrm{NaCl}}\left(\frac{\partial \phi_{\mathrm{NaCl}}}{\partial n_{\mathrm{NaCl}}}\right)_{T,P,\,\mathrm{H_2O}}\right]$$

"겉보기" 몰 부피를 밀도를 사용하여 나타내면

$$\phi_{\mathrm{NaCl}} = \frac{V - n_{\mathrm{H_2O}} V^*_{\mathrm{H_2O}}}{n_{\mathrm{NaCl}}} = \frac{1}{n_{\mathrm{NaCl}}}\left(\frac{n_{\mathrm{H_2O}} M_{\mathrm{H_2O}} + n_{\mathrm{NaCl}} M_{\mathrm{NaCl}}}{\rho} - n_{\mathrm{H_2O}} V^*_{\mathrm{H_2O}}\right)$$

용액을 구성하는 성분의 몰 수를 용액의 몰농도로 아래와 같이 표시하여

$$n_{\mathrm{H_2O}} = \frac{1000\ \mathrm{g}}{M_{\mathrm{H_2O}}},\ n_{\mathrm{NaCl}} = m \times 1\ \mathrm{kg}$$

"겉보기" 몰 부피 식을 측정하기 쉬운 값으로 바꾸면 다음과 같다.

$$\begin{aligned}\phi_{\mathrm{NaCl}} &= \frac{1}{m}\left(\frac{1000 + mM_{\mathrm{NaCl}}}{\rho} - \frac{1000}{\left(M_{\mathrm{H_2O}}/V^*_{\mathrm{H_2O}}\right)}\right) \\ &= \frac{1000}{m\rho\rho^*_{\mathrm{H_2O}}}\left(\rho^*_{\mathrm{H_2O}} - \rho\right) + \frac{M_{\mathrm{NaCl}}}{\rho} \quad \Leftarrow \ \rho^*_{\mathrm{H_2O}} = \frac{M_{\mathrm{H_2O}}}{V^*_{\mathrm{H_2O}}}\end{aligned}$$

결론적으로 여러 몰 수의 조합$(n_{\mathrm{NaCl}}, n_{\mathrm{H_2O}})$ 을 가진 용액의 농도를 측정하면 소금의 "겉보기" 몰 부피를 마지막 식으로 구할 수 있고 이 값으로 V_{NaCl} 과 $V_{\mathrm{H_2O}}$ 를 계산 할 수 있게 된다.

실험 과정

준비물: 비중병(pycnometer), 소금(소금은 온도가 100도 이상의 건조기에서 충분한 시간동안 말린 것을 사용한다), 증류수, 저울(전자비중기를 사용할 경우 사용법을 책의 부록부분을 숙지한 후에 사용한다)

증류수를 사용하여 비중병을 검증(calibration)한다. 측정한 온도와 측정 온도에서 물의 밀도 값, 비중병을 채우는데 사용한 물의 무게를 사용하면 물 부피를 알 수 있다. 3몰 소금 용액을 만들고 이를 희석시켜서 여러 농도의 소금물을 만든다. 비중병의 부피로부터 필요한 3몰 소금 용액을 제조한다. 이 후에 비중병을 여러 소금 용액으로 각기 채우고 용액의 밀도를 무게로부터 계산한다. 이 값으로부터 원하는 밀도 값을 얻는다.

계산

1) 각 시료에서 얻은 밀도 값을 기록한다.

2) 각 용액의 농도를 몰 농도(molarity)에서 몰랄농도(molality)로 변환한다.

$$m = \frac{1}{1-\left(\frac{M}{\rho}\right)\left(\frac{M_{\mathrm{NaCl}}}{1000}\right)}\frac{M}{\rho} = \frac{1}{\left(\frac{\rho}{M}\right)-\left(\frac{M_{\mathrm{NaCl}}}{1000}\right)}$$

3) 각 용액에 대하여 소금의 "겉보기" 몰 부피를 구하고 이를 $m^{1/2}$에 대하여 그래프를 그린다. 이온 용액에서는 이 그래프가 직선이다. 이로부터 linear least squares를 이용하여 기울기를 구한다. 이 기울기는 다음 식을 이용하여 좀 더 신뢰성이 있는 값을 구할 수 있다.

$$\left(\frac{\partial \phi_{\mathrm{NaCl}}}{\partial n_{\mathrm{NaCl}}}\right)_{T,P,n_{\mathrm{H_2O}}} = \left(\frac{\partial \phi_{\mathrm{NaCl}}}{\partial m}\right)_{T,P,n_{\mathrm{H_2O}}} = \frac{1}{2m^{1/2}}\left(\frac{\partial \phi_{NaCl}}{\partial m^{1/2}}\right)_{T,P,n_{\mathrm{H_2O}}}$$

4) 각 성분에 대하여 분몰 부피를 구한다.

$$V_{\mathrm{H_2O}} = \frac{M_{\mathrm{H_2O}}}{\rho_{\mathrm{H_2O}}} - \frac{m^{3/2}}{111.02}\left(\frac{\partial \phi_{\mathrm{NaCl}}}{\partial m^{1/2}}\right)_{T,P,\,\mathrm{H_2O}}$$

$$V_{\mathrm{NaCl}} = \phi_{\mathrm{NaCl}} + \frac{m^{1/2}}{2}\left(\frac{\partial \phi_{\mathrm{NaCl}}}{\partial m^{1/2}}\right)_{T,P,\,\mathrm{H_2O}}$$

중점 논의

1) 비중병을 검증(calibration) 하는 이유는 무엇인가?

2) 검증 할 때의 시료 온도와 실제 소금 용액의 온도가 다르면 어떤 결과가 나오는가?

3) 소금을 사용하기 전 오븐에 말리는데 이 과정을 생략하면 실험 결과에 얼마의 에러가 발생하겠는가?

단증류 실험(simple distillation experiment)

목적

용액을 가열시켜서 이로부터 발생하는 증기를 다시 응축시켜서 성분을 분리하는 방법을 증류라고 부르는데 이 중 가장 간단한 방법이 단증류이다. 이 때 용액을 가열하여서 발생하는 증기의 조성은 라울의 법칙(Raoult's law)에 의하여 결정된다. 비등점이 다른 두 액체로 이루어진 용액을 사용하여 간단한 장치로 이들을 분리하는 방법을 익히고자 한다.

이론

A와 B로 이루어진 용액이 라울의 법칙을 따르면 기체의 증기 압력은 액체에서의 몰 분율 x_A와 x_B , 순수한 A와 B의 증기압 P_A^* 와 P_B^* 로 다음과 같이 쓸 수 있다.

$$P_A = x_A P_A^* \text{ , } P_B = x_B P_B^* \Rightarrow P_{\text{total}} = P_A + P_B$$

P_{total}의 값이 기압과 같으면 액체는 끓는다. 모든 용액이 라울의 법칙을 따르지는 않으며 어떤 용액은 공비 혼합물(azetrope)을 만들어 이 혼합비에서는 하나의 순수한 물질로 행동한다. 예를 들면 90%의 에탄올과 5 %물의 혼합물은 78.1℃에서 끓는다.

증류장치는 단증류와 분별증류가 있는데 단증류는 효능은 떨어지지만 끓는 차이가 큰 두 성분이 섞여있는 용액에서 간단히 사용할 수 있다. 아래 단증류 장치에서는 용액을 가열하면 기체가 발생하고 이 기체는 응축기를 감싸는 찬 물에 의

하여 다시 액체 상태로 응결이 되면 응축기아래에 있는 플라스크에 모이게 되는 간단한 원리를 이용한 것이다. 분별증류는 처음 발생하는 기차를 다시 응축시키고 이를 다시 기화시키는 과정을 반복하는 것이다. 즉 아래의 상 평형 도형을 예로 들면(d1)에서 멈추는 것이 단증류이고 계속 증류를 하여 원하는 조성인(d4)까지로 움직이는 것을 분별증류라고 한다. 원래의 용기에는 용액 중에 비휘발성 성분이나 휘발성이 적은 성분이 남아 있게 된다.

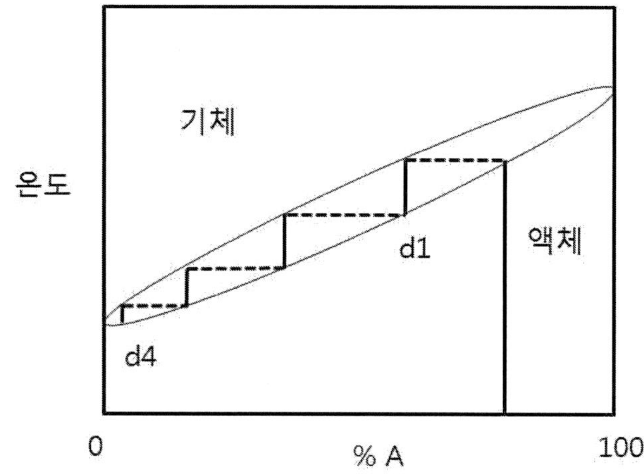

A와 B 두 성분으로 이루어진 용액의 상 평형 도형

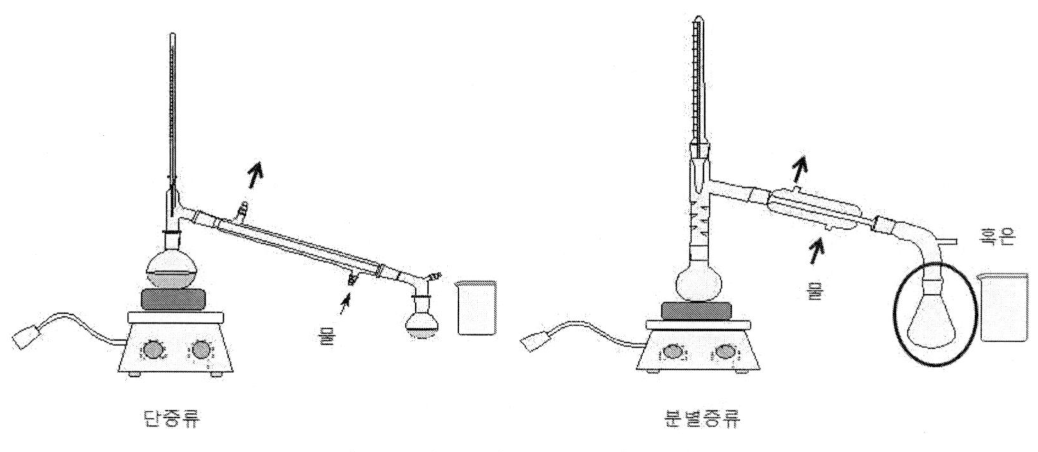

단증류와 분별증류를 위한 장치

실험 과정

이 실험에서는 에탄올(끓는 점 79℃)과 물(끓는 점 100℃) 혼합 용액을 사용하는데 이 두 액체는 모두 휘발성이 있다고 생각할 수 있고 따라서 가열하여 용액에서 발생하는 기체에는 두 성분이 모두 포함되어 있다. 가열하여 나오는 증류 액을 모아서 이것을 구성하는 물과 에탄올의 퍼센트 성분을 밀도를 측정하여 결정한다. 이를 위한 밀도 표가 실험 단원의 마지막 부분에 기재되어 있다.

실험에 필요한 기구

온도계, 응축기, 히터, 에탄올, 물, 링 스탠드, 비커, 플라스크, 클램프, 눈금 실린더, 비등석, 호스

1. 위 그림과 같이 실험 장치를 설치한다. 각 연결 부분이 잘 연결이 되어있는지를 확인한다. 응축기에 호스를 연결하고 물이 천천히 흐르게 수도꼭지를 조절한다.

2. 에탄올과 물 각각 50 mL를 눈금 실린더로 측정하여 깔때기를 이용하여 플라스크에 붓고 비등석을 3-4개 더한다.

3. 온도계는 기체의 온도를 측정할 수 있도록 위치를 조절한다.

4. 비커를 가열하여 25 mL의 유출액이 모였으면 유출액이 모으는 비커를 바꾼다. 다시 이 비커에 25 mL의 유출액이 모였으면 유출액이 모으는 비커를 바꾼다. 이렇게 하여 3개의 유출액을 얻는다.

5. 각 유출액의 부피와 무게를 측정하여 밀도를 구한다.

6. 주어진 표를 이용하여 각 유출액의 에탄올 조성(wt %) 값을 구한다.

계산

실험일시	실험 조	온도 (℃)	학번, 성명

1. 지급한 용액(A)의 밀도를 소수점 넷째자리까지 구하고 조성은 소수점 둘째 자리까지 구하시오.

<table>
<tr><td>빈 비중병 무게 (g)</td><td rowspan="4">확인</td><td>증류수 + 비중병</td><td rowspan="4">확인</td></tr>
<tr><td rowspan="3"></td><td></td></tr>
<tr><td>지급한 용액 + 비중병</td></tr>
<tr><td></td></tr>
</table>

계산

답 밀도:

조성:

2. 실험 결과(중량 퍼센트 농도(%(w/w))에 온도)

측정값	수용액		잔류액		유출액		손실
비중병 + 용액 무게 (g)		확인		확인		확인	
빈 플라스크 무게 (g)				확인		확인	
플라스크 + 용액 무게 (g)		확인		확인		확인	
밀도 (g/cm^3)							
양 (g)							
조성 (wt %)							
용액 A의 양 (g)							

계산

2번 문제의 표 작성을 위한 계산을 아래에 적으시오.

1. 수용액의 밀도 및 조성 계산

2. 잔류액 밀도 계산

3. 잔류액의 조성 및 시약(A) 양 계산

4. 유출액 밀도 계산

5. 유출액 조성 및 시약(A) 양 계산

6. 수용액의 양과 조성 및 잔류액의 조성으로부터 잔류액 양의 이론값을 구하시오.

계산:

답:

7. 위의 3번 문제에서 구한 잔류액의 양의 이론값을 이용하여 유출액의 조성 X_{Dav}를 구하시오.

계산:

답:

	온도 (°C)									
	20	21	22	23	24	25	26	27	28	29
에탄올 (wt %)	밀도 (g/cm^3)									
0	0.99823	0.99804	0.99785	0.99766	0.99748	0.99729	0.99710	0.99692	0.99673	0.99655
1	0.99636	0.99618	0.99599	0.99581	0.99562	0.99544	0.99525	0.99507	0.99489	0.99471
2	0.99453	0.99435	0.99417	0.99399	0.99381	0.99363	0.99345	0.99327	0.99310	0.99292
3	0.99275	0.99257	0.99240	0.99222	0.99205	0.99188	0.99171	0.99154	0.99137	0.99120
4	0.99103	0.99087	0.99070	0.99053	0.99037	0.99020	0.99003	0.98987	0.98971	0.98954
5	0.98938	0.98922	0.98906	0.98890	0.98874	0.98859	0.98843	0.98827	0.98811	0.98796
6	0.98780	0.98765	0.98749	0.98734	0.98718	0.98703	0.98688	0.98673	0.98658	0.98642
7	0.98627	0.98612	0.98597	0.98582	0.98567	0.98553	0.98538	0.98523	0.98508	0.98493
8	0.98478	0.98463	0.98449	0.98434	0.98419	0.98404	0.98389	0.98374	0.98360	0.98345
9	0.98331	0.98316	0.98301	0.98287	0.98273	0.98258	0.98244	0.98229	0.98215	0.98201
10	0.98187	0.98172	0.98158	0.98144	0.98130	0.98117	0.98103	0.98089	0.98075	0.98061
11	0.98047	0.98033	0.98019	0.98006	0.97992	0.97978	0.97964	0.97951	0.97937	0.97923
12	0.97910	0.97896	0.97883	0.97869	0.97855	0.97842	0.97828	0.97815	0.97801	0.97788
13	0.97775	0.97761	0.97748	0.97735	0.97722	0.97709	0.97696	0.97683	0.97670	0.97657
14	0.97643	0.97630	0.97617	0.97604	0.97591	0.97578	0.97565	0.97552	0.97539	0.97526
15	0.97514	0.97501	0.97488	0.97475	0.97462	0.97450	0.97438	0.97425	0.97412	0.97400
16	0.97387	0.97374	0.97361	0.97349	0.97336	0.97323	0.97310	0.97297	0.97284	0.97272
17	0.97259	0.97246	0.97233	0.97220	0.97207	0.97194	0.97181	0.97168	0.97155	0.97142
18	0.97129	0.97116	0.97103	0.97089	0.97076	0.97063	0.97050	0.97037	0.97024	0.97010
19	0.96997	0.96984	0.96971	0.96957	0.96944	0.96931	0.96917	0.96904	0.96891	0.96877
20	0.96864	0.96850	0.96837	0.96823	0.96810	0.96796	0.96783	0.96769	0.96756	0.96742
21	0.96729	0.96716	0.96702	0.96688	0.96675	0.96661	0.96647	0.96634	0.96620	0.96606
22	0.96592	0.96578	0.96564	0.96551	0.96537	0.96523	0.96509	0.96495	0.96481	0.96467
23	0.96453	0.96439	0.96425	0.96411	0.96396	0.96382	0.96368	0.96354	0.96340	0.96326

	온도 (℃)									
	20	21	22	23	24	25	26	27	28	29
24	0.96312	0.96297	0.96283	0.96269	0.96254	0.96240	0.96225	0.96211	0.96196	0.96182
25	0.96168	0.96153	0.96139	0.96124	0.96109	0.96094	0.96080	0.96065	0.96050	0.96035
26	0.96020	0.96005	0.95990	0.95975	0.95959	0.95944	0.95929	0.95914	0.95898	0.95883
27	0.95867	0.95851	0.95836	0.95820	0.95805	0.95789	0.95773	0.95757	0.95742	0.95726
28	0.95710	0.95694	0.95678	0.95662	0.95646	0.95630	0.95613	0.95597	0.95581	0.95565
29	0.95548	0.95532	0.95516	0.95499	0.95483	0.95466	0.95450	0.95433	0.95416	0.95400
30	0.95382	0.95365	0.95349	0.95332	0.95315	0.95298	0.95281	0.95264	0.95247	0.95230
31	0.95212	0.95195	0.95178	0.95161	0.95143	0.95126	0.95108	0.95091	0.95074	0.95056
32	0.95038	0.95020	0.95003	0.94985	0.94967	0.94950	0.94932	0.94914	0.94896	0.94878
33	0.94860	0.94842	0.94824	0.94806	0.94788	0.94770	0.94752	0.94734	0.94715	0.94697
34	0.94679	0.94660	0.94642	0.94624	0.94605	0.94587	0.94568	0.94550	0.94531	0.94512
35	0.94494	0.94475	0.94456	0.94438	0.94419	0.94400	0.94382	0.94363	0.94344	0.94325
36	0.94306	0.94287	0.94268	0.94249	0.94230	0.94211	0.94192	0.94172	0.94153	0.94134
37	0.94114	0.94095	0.94075	0.94056	0.94036	0.94017	0.93997	0.93978	0.93958	0.93939
38	0.93919	0.93899	0.93879	0.93859	0.93840	0.93820	0.93800	0.93780	0.93760	0.93740
39	0.93720	0.93700	0.93680	0.93660	0.93640	0.93620	0.93599	0.93579	0.93559	0.93539
40	0.93518	0.93498	0.93478	0.93458	0.93437	0.93417	0.93396	0.93376	0.93356	0.93335
41	0.93314	0.93294	0.93273	0.93253	0.93232	0.93212	0.93191	0.93170	0.93149	0.93129
42	0.93107	0.93086	0.93065	0.93044	0.93023	0.93002	0.92981	0.92960	0.92939	0.92918
43	0.92897	0.92876	0.92855	0.92834	0.92812	0.92791	0.92770	0.92749	0.92728	0.92707
44	0.92685	0.92664	0.92642	0.92621	0.92600	0.92579	0.92557	0.92536	0.92515	0.92493
45	0.92472	0.92450	0.92429	0.92408	0.92386	0.92365	0.92343	0.92322	0.92300	0.92279
46	0.92257	0.92236	0.92214	0.92193	0.92171	0.92150	0.92128	0.92106	0.92085	0.92063
47	0.92041	0.92019	0.91997	0.91976	0.91954	0.91932	0.91910	0.91889	0.91867	0.91845
48	0.91823	0.91801	0.91780	0.91758	0.91736	0.91714	0.91692	0.91670	0.91648	0.91626
49	0.91604	0.91582	0.91560	0.91538	0.91516	0.91494	0.91472	0.91450	0.91428	0.91406

	온도 (℃)									
	20	21	22	23	24	25	26	27	28	29
50	0.91384	0.91361	0.91339	0.91317	0.91295	0.91272	0.91250	0.91228	0.91206	0.91183
51	0.91160	0.91138	0.91116	0.91093	0.91071	0.91049	0.91026	0.91004	0.90981	0.90959
52	0.90936	0.90914	0.90891	0.90869	0.90846	0.90824	0.90801	0.90779	0.90756	0.90734
53	0.90711	0.90689	0.90666	0.90644	0.90621	0.90598	0.90576	0.90553	0.90531	0.90508
54	0.90485	0.90463	0.90440	0.90417	0.90395	0.90372	0.90349	0.90327	0.90304	0.90281
55	0.90258	0.90236	0.90213	0.90190	0.90167	0.90145	0.90122	0.90099	0.90076	0.90054
56	0.90031	0.90008	0.89985	0.89962	0.89939	0.89917	0.89894	0.89871	0.89848	0.89825
57	0.89803	0.89780	0.89757	0.89734	0.89711	0.89688	0.89665	0.89643	0.89620	0.89597
58	0.89574	0.89551	0.89528	0.89505	0.89482	0.89459	0.89436	0.89413	0.89390	0.89367
59	0.89344	0.89321	0.89298	0.89275	0.89252	0.89229	0.89206	0.89183	0.89160	0.89137
60	0.89113	0.89090	0.89067	0.89044	0.89021	0.88998	0.88975	0.88951	0.88928	0.88905
61	0.88882	0.88859	0.88836	0.88812	0.88789	0.88766	0.88743	0.88720	0.88696	0.88673
62	0.88650	0.88626	0.88603	0.88580	0.88557	0.88533	0.88510	0.88487	0.88463	0.88440
63	0.88417	0.88393	0.88370	0.88347	0.88323	0.88300	0.88277	0.88253	0.88230	0.88206
64	0.88183	0.88160	0.88136	0.88113	0.88089	0.88066	0.88042	0.88019	0.87995	0.87972
65	0.87948	0.87925	0.87901	0.87878	0.87854	0.87831	0.87807	0.87784	0.87760	0.87737
66	0.87713	0.87689	0.87666	0.87642	0.87619	0.87595	0.87572	0.87548	0.87524	0.87501
67	0.87477	0.87454	0.87430	0.87406	0.87383	0.87359	0.87336	0.87312	0.87288	0.87265
68	0.87241	0.87218	0.87194	0.87170	0.87147	0.87123	0.87099	0.87075	0.87052	0.87028
69	0.87004	0.86981	0.86957	0.86933	0.86909	0.86885	0.86862	0.86838	0.86814	0.86790
70	0.86766	0.86742	0.86718	0.86694	0.86671	0.86647	0.86623	0.86599	0.86575	0.86551
71	0.86527	0.86503	0.86479	0.86455	0.86431	0.86407	0.86383	0.86339	0.86335	0.86311
72	0.86287	0.86263	0.86239	0.86215	0.86191	0.86167	0.86143	0.86119	0.86095	0.86071
73	0.86047	0.86022	0.85998	0.85974	0.85950	0.85926	0.85902	0.85878	0.85854	0.85830
74	0.85806	0.85781	0.85757	0.85733	0.85709	0.85685	0.85661	0.85636	0.85612	0.85588
75	0.85564	0.85540	0.85515	0.85491	0.85467	0.85443	0.85419	0.85394	0.85370	0.85346

	온도 (°C)									
	20	21	22	23	24	25	26	27	28	29
76	0.85322	0.85297	0.85273	0.85249	0.85225	0.85200	0.85176	0.85152	0.85128	0.85103
77	0.85079	0.85055	0.85031	0.85006	0.84982	0.84958	0.84933	0.84909	0.84884	0.84860
78	0.84835	0.84811	0.84787	0.84762	0.84738	0.84713	0.84689	0.84664	0.84640	0.84615
79	0.84590	0.84566	0.84541	0.84517	0.84492	0.84467	0.84443	0.84418	0.84393	0.84369
80	0.84344	0.84319	0.84294	0.84270	0.84245	0.84220	0.84196	0.84171	0.84146	0.84121
81	0.84096	0.84072	0.84047	0.84022	0.83997	0.83972	0.83947	0.83923	0.83898	0.83873
82	0.83848	0.83823	0.83798	0.83773	0.83748	0.83723	0.83698	0.83674	0.83649	0.83624
83	0.83599	0.83574	0.83549	0.83523	0.83498	0.83473	0.83448	0.83423	0.83398	0.83373
84	0.83348	0.83323	0.83297	0.83272	0.83247	0.83222	0.83196	0.83171	0.83146	0.83120
85	0.83095	0.83070	0.83044	0.83019	0.82994	0.82968	0.82943	0.82917	0.82892	0.82866
86	0.82840	0.82815	0.82789	0.82763	0.82738	0.82712	0.82686	0.82660	0.82635	0.82609
87	0.82583	0.82557	0.82531	0.82505	0.82479	0.82453	0.82427	0.82401	0.82375	0.82349
88	0.82323	0.82297	0.82271	0.82245	0.82219	0.82193	0.82167	0.82140	0.82114	0.82088
89	0.82062	0.82035	0.82009	0.81983	0.81956	0.81930	0.81903	0.81877	0.81850	0.81824
90	0.81797	0.81770	0.81744	0.81717	0.81690	0.81664	0.81637	0.81610	0.81583	0.81556
91	0.81529	0.81502	0.81475	0.81448	0.81421	0.81394	0.81366	0.81339	0.81312	0.81285
92	0.81257	0.81230	0.81203	0.81175	0.81148	0.81120	0.81093	0.81066	0.81038	0.81010
93	0.80983	0.80955	0.80928	0.80900	0.80872	0.80844	0.80817	0.80789	0.80761	0.80733
94	0.80705	0.80677	0.80649	0.80621	0.80593	0.80565	0.80537	0.80509	0.80480	0.80452
95	0.80424	0.80395	0.80367	0.80338	0.80310	0.80281	0.80253	0.80224	0.80195	0.80166
96	0.80138	0.80109	0.80080	0.80051	0.80022	0.79993	0.79963	0.79934	0.79905	0.79875
97	0.79846	0.79816	0.79787	0.79757	0.79727	0.79698	0.79668	0.79638	0.79608	0.79578
98	0.79547	0.79517	0.79487	0.79456	0.79426	0.79396	0.79365	0.79335	0.79305	0.79274
99	0.79243	0.79213	0.79182	0.79151	0.79120	0.79089	0.79059	0.79028	0.78997	0.78966
100	0.78934									

중점 논의

1. 주어진 표를 이용하여 각 유출액의 에탄올 조성(wt %) 값을 구한 후에 이로부터 물의 조성 값을 구하시오.

2. 처음 얻어진 유출액의 주성분은 무엇인가? 왜 순수하지 않은가?

3. 유출액의 밀도는 증가하는가 감소하는가? 왜 변화가 있는가?

4. 유출액의 에탄올 조성(wt %) 값은 어떻게 변하는가?

5. 첫 유출액에서 에탄올 조성을 증가시키려면 어떻게 하여야 하는가?

6. 첫 유출액을 얻을 때에 온도는 순수한 에탄올 끓는 점(79°C)과 비교하여 높은가 낮은가? 왜 변화가 있는가?

7. 에탄올과 물로 이루어진 공비 혼합물의 몰 분율을 얼마인가?

8. 고급 향수의 원료로 사용되는 장미기름(rose oil)을 추출하는 과정을 설명하시오.

삼 성분계의 평형도
(Phase Diagram for a Three Component System)

목적

부탄올-물-초산(butanol-water-acetic acid) 3가지 물질로 이루어진 계의 상평형을 조사한다. 상 평형도를 만들고 깁스의 상 규칙과 일치하는지를 알아본다.

이론

임의의 조성을 가진 계의 자유도 F, 독립 성분의 수 C와 상의 수 P사이의 관계를 나타내는 깁스의 상평형 규칙은 다음과 같다.

$$F = C - P + 2$$

여기에서 계의 자유도는 계를 설명하거나 상평형도에서 계의 상을 기술하는데 필요한 압력, 온도, 조성과 같은 변수의 수를 나타낸다. 독립 성분이란 계속에 존재하는 모든 상들의 조성을 정의하는데 필요한 최소의 독립적인 화학종을 나타낸다. 이 때 상이란 화학적 물리적으로 균일한 물질의 상태를 말한다. 예를 들어서 하나의 성분을 가진 물질이 기체 상태에 있다면 이는 $C=1$ 과 $P=1$ 을 의미하므로 깁스의 상평형 규칙에 따르면 자유도는 $F=2$가 된다. 이는 압력, 온도, 부피의 변수 가운데 두 개의 값으로 이 물질의 상태를 완전히 기술 할 수 있다는 의미이다.

또 하나의 예로서 물의 경우, 기체, 액체, 고체 중 하나의 상만이 존재할 경우에는 위의 예처럼 2개의 변수가 필요하지만 상평형도에서 기체-액체나 고체-액체의 상 경계선에서는 두 개의 상이 공존하므로 $P=2$이고 따라서 자유도는 $F=1$이다. 이는 압력과 온도 중 어느 하나가 정해지면 다른 하나는 그에 따라 결정된다는 의미이다. 세 개의 상이 공존하는 삼중점(triple point)에서는 $P=3$이므로 자유도는 0이 되고 단일 성분계에서 삼중점은 온도나 압력이 임의로 변화할 수 없고 특정한 값으로 정해져 있다. 물의 경우 삼중점은 변화할 수 없는 독특한 점이며 이는 온도의 정의에 사용된다.

실험 과정

가능한 한 후드를 사용한다.

실험 1

가. 50 mL 삼각 플라스크에 20 mL 물을 따르고 파라핀 필름으로 덮어둔다. 뷰렛의 끝 부분이 파라핀 필름을 통과하게 하고 부탄올을 한 방울씩 떨어트린다. 플라스크를 계속 흔들어서 잘 섞이게 하는데 5분 이상 흔들어도 섞이지 않을 때까지 계속한다. 예상되는 사용된 부탄올의 양은 2 mL 이하이다. 결과를 기록한다.

나. 50 mL 삼각 플라스크에 20 mL 부탄올을 따르고 파라핀 필름으로 덮어둔다. 뷰렛의 끝 부분이 파라핀 필름을 통과하게 하고 물을 한 방울 씩 떨어트린다. 플라스크를 계속 흔들어서 잘 섞이게 하는데 5분 이상 흔들어도 섞이지 않을 때까지 계속한다. 예상되는 사용된 물은 2 mL 이하이다. 결과를 기록한다.

다. 파라핀 필름으로 덮은 200 mL 삼각 플라스크에 20 mL의 부탄올과 5 mL의 물을 섞는다. 이 용액을 잘 섞이게 흔들면서 초산을 한 방울씩 첨가하는데 혼탁이 없어질 때 까지 계속한다. 첨가한 초산의 양을 기록한다.

라. 위의 용액에 물 5 mL를 첨가하고 다시 혼탁이 없어질 때 까지 초산을 한 방울씩 첨가한다. 첨가한 초산의 양을 기록한다.

마. 계속해서 물 5 mL를 첨가하고 다시 혼탁이 없어질 때 까지 초산을 한 방울씩 첨가한다. 사용된 물의 양이 총 30 mL가 될 때까지 계속한다. 마지막으로 10 mL의 물을 첨가한다.

실험 2

물 25 mL와 부탄올 25 mL를 섞은 후 5분 동안 흔들고 실험대에 놓아둔다. 이 용액에 초산 3 mL를 첨가하고 5분 동안 흔들고 실험대에 놓아둔다. 분별 깔때기를 사용하여 각각을 분리한다. 각 상의 질량을 구한다. 아래 부분의 상을 1.0 M NaOH으로 적정을 한다. 3번을 반복하여 평균값을 구한다.

계산

1. 각 용액에 대하여 중량 퍼센트 농도를 구한다. 이때 물, 부탄올, 초산의 농도는 각각 0.9970, 0.8090과 1.046 g/mL의 수치를 사용한다. 주어진 삼각 그래프를 사용하여 결과를 도면으로 표시한다.

2. 실험 2의 결과에서 각 상에서 성분의 중량 퍼센트 농도를 구한다. 이 점을 그래프에 표시하고 점을 잇는 선을 그린다.

중점 논의

1. 초산이 없는 두 용액에 대하여 물과 부탄올의 몰 분율을 구한다. 왜 물은 부탄올에 잘 녹지만 부탄올은 왜 물에 잘 녹지 않는지를 설명하시오.

2. 물과 부탄올을 2:1의 몰 비로 섞으면 두 개의 상으로 나누어지는가? 그렇다면 각 상에서 물과 부탄올의 몰 분율을 구하시오. 물과 부탄올을 2:1의 조성을 가지고 하나의 용액인 경우와 두 개의 상으로 나누어지는 경우 어느 쪽이 자유 에너지가 낮은가?

3. 물과 부탄올을 1:2 몰 비로 섞으면 두 개의 상으로 나누어지는가? 그렇다면 각 상에서 물과 부탄올의 몰 분율을 구하시오. 물과 부탄올을 1:2의 조성을 가지고 하나의 용액인 경우와 두 개의 상으로 나누어지는 경우 어느 쪽이 자유 에너지가 낮은가?

4. 왜 부탄올과 물을 섞어서 두 개의 상을 이루는 경우에 초산을 섞으면 왜 하나의 상으로 바뀔 수 있는가? (like dissolves like)

5. 상 평형도의 각 부분에 대하여 깁스의 상평형 규칙의 각 성분을 확인하시오.

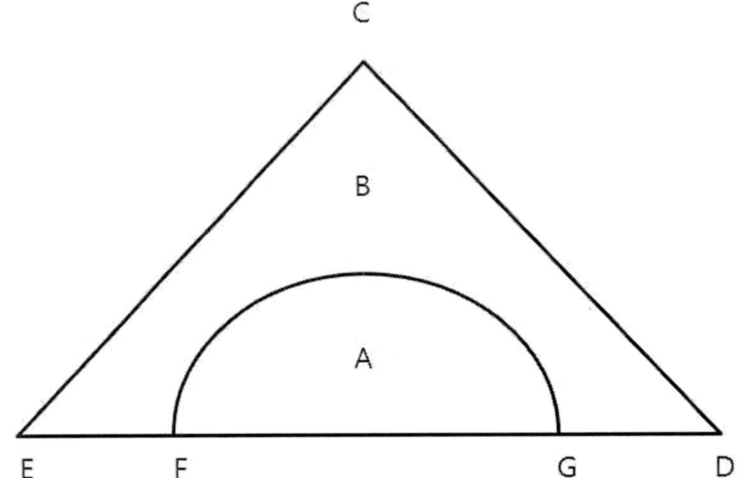

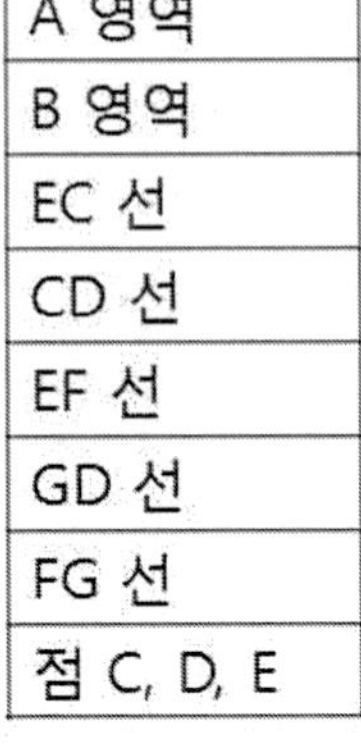

A 영역
B 영역
EC 선
CD 선
EF 선
GD 선
FG 선
점 C, D, E

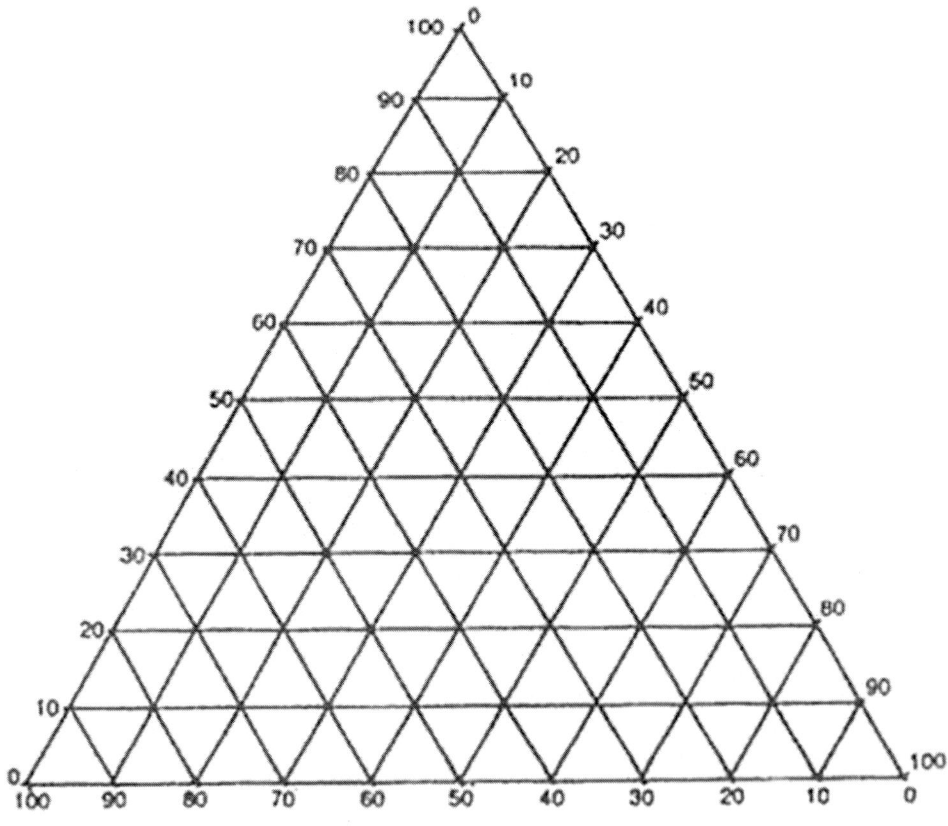

총 부탄올 부피 (mL)	총 물 부피 (mL)	총 초산 부피 (mL)	부탄올 무게 (g)	물 무게 (g)	초산 무게 (g)	% 부탄올	% 물	% 초산
20.00	0.00	0.00						
20.00	5.00							
20.00	10.00							
20.00	15.00							
20.00	20.00							
20.00	25.00							
20.00	30.00							
20.00	40.00							
20.00	50.00							
20.00	60.00							
20.00	70.00							
20.00	80.00							
20.00	90.00							
20.00	100.00							
20.00	110.00							

자외선-가시광선 분광기(UV-Visible Spectrometer) 사용 실험 (I)

목적

착색물질과 그렇지 않은 물질은 어떤 파장의 빛을 흡수하는지를 알면 쉽게 이해할 수 있다. 따라서 빛의 흡수는 착색물질의 농도를 정확하고 빠른 시간 내에 측정하는 데 이용되며, 물질을 검출하는 데에도 많이 이용된다. 분광기는 어떤 파장의 빛을 흡수하는지를 측정하는 기기로 따라서 자외선-가시광선 분광기라는 기기는 빛의 영역 가운데 자외선-가시광선의 파장을 사용하여 물질의 성질을 이해하고 정량에 사용되는 가장 기본이 되는 기기이다. 본 실험의 목적은 분광광도계의 원리와 사용법을 익히고, 흡광도가 용액의 농도와는 어떠한 관계를 가지는지를 밝히는 데 있다.

이론

물질에는 각각 특수한 파장의 빛의 흡수가 있으며, 흡수된 빛을 파장에 따라 나타낸 것을 스펙트럼(spectrum)이라고 하고 이를 측정하는 기기를 분광기(spectrometer)라고 부른다. 빛의 에너지는 파장에 반비례하므로 흡수된 빛의 파장을 측정하면 물질이 흡수한 에너지를 알 수 있다. 물질을 이루는 분자는 다양한 형태의 운동이 가능하고 그 운동 에너지에 해당하는 빛을 흡수하면 분자는 들뜬 상태로 전이되고 이후 여러 과정을 거쳐서 다시 바닥상태로 회복된다. 이 가운데 자외선과 가시광선이 가지는 에너지는 분자 내의 결합에 관여하는 전자의 에너지 상태를 바꿀 수 있다. 흡수는 자외선과 가시역에서는 분자, 또는 원자 내의 전자의 진동이 관계되고, 적외역에서는 원자 간의 신축, 변각 등의 진동과 관계가 있다.

전자기파의 파장(혹은 주파수)과 전자기파가 가지는 에너지는 다음과 같은 관계가 있다.

$$\nu = \frac{C}{\lambda} = \frac{E_2 - E_1}{h}$$

여기서 ν는 빛의 진동수, C는 광속도, h는 Plank 정수이다. 따라서 흡수파장의 측정에 의해서 분자나 원자의 내부 energy 준위의 차를 알 수 있다. 이러한 결합을 가진 물질에 자외선-가시광선을 쪼여주면 빛이 일부 흡수되고 나머지는 통과한다. 빛의 매질에 흡수될 때 층이 얇든가 또는 낮은 농도의 용액에서는 시료를 투과하기 전 빛의 세기 I_0과 투과한 후 빛의 세기 I의 관계는 다음의 Beer-Lambert의 법칙으로 구한다.

$$I = I_0 e^{-\alpha b c}$$

여기서 I_o, I는 각각 입사전후의 빛의 강도, α는 흡수계수로 물질의 독특한 성질이며 c와 b는 농도(mol/l)와 시료의 두께(cm)를 나타낸다. 기기에서 사용하는 용기는 일정하므로 액체 시료일 경우 두께 또한 일정한 값을 가진다. 이는 상용대수(common logarithm) 형태로 바꾸어 다음과 같이 나타낼 수 있고

$$I = I_0 10^{-\varepsilon b c}$$

이 때 ε 를 분자 흡광 계수(molecular extinction coefficient)라고 부른다. 다른 표현으로 투과도(transmittance) T를 사용하는데, 이는 광흡수의 상태를 어느 정도 통과했는가를 간단히 나타내는 표현으로서 단위로 퍼센트 값을 쓰기도 한다. 또한 흡광도(absorbance) A를 투과도 역수의 상용대수로 정의하여 쓰기도 하는데 이들 사이의 관계는 다음과 같다.

$$T = \frac{I}{I_0},\ A = \log\left(\frac{1}{T}\right) = \log\left(\frac{I_0}{I}\right) = \varepsilon\, b\, c$$

결론으로 묽은 용액의 경우 흡광도는 용액내의 농도에 비례하고 이 식은 때로는 다음과 같이 쓴다. 이 때 A는 단위(unit)가 존재하지 않는 다는 점을 명심한다. 시료의 두께인 b는 보통 1 cm로 고정이 되어있으므로 따라서 농도를 몰, 몰랄, 혹은 g/L에 따라서 흡광 계수의 단위를 바꾸어야 한다. 따라서 흡광도는 농도와 비례하게 되므로, 흡광도는 용액내의 어떤 물질의 농도를 측정하는데 사용될 수 있다.

$$A = \varepsilon\, b\, c \text{ or } A = a\ b\ c$$

실험 과정

준비물: 자외선-가시광선 분광기, $KMnO_4$, $CuSO_4$, NaOH, 피펫, 플라스크, 증류수

주의: 분광기는 실험 전에 충분히 예열이 되어 있어야 한다.

자외선-가시광선 분광기를 사용하는데 농도의 기준이 되는 용액을 스탠더드 혹은 농도 모액(stock solution)이라고 하며 중크롬산칼륨(Potassium Dichromate)을 사용하면 쉽게 만들 수 있다. 방법은 다음과 같다.

1. 중크롬산칼륨 1 그램 이하를 취하여 정확한 무게를 측정한다.

2. 무게를 단 중크롬산칼륨을 1 리터 용량 플라스크에 넣고 100 mL의 0.1 노르말 황산을 더한 후 증류수를 채워서 1 리터를 만든 후 플라스크를 흔들어 고체가 남아있지 않도록 한다.

3. 중크롬산칼륨(분자량 294.2 그램)의 몰 농도를 1에서 얻은 무게를 이용하여 계산한다.

4. 정확한 농도를 계산한 용액 2를 다음과 같이 희석시킨 용액을 만든다. (용액 2 : 증류수 = 1 : 9, 용액 2 : 증류수 = 3 : 7, 용액 2 : 증류수 = 5 :

5. 용액 2 : 증류수 = 7 : 3, 용액 2 : 증류수 = 9 : 1) 각 희석된 용액의 농도를 계산한다.

실험

1. 0.01 wt% $KMnO_4$, $CuSO_4$, NaOH 수용액을 만든 후 이 용액과 증류수를 적당한 비율로 섞어서 여러 농도의 시료용액을 만들고(5개 이상), 차례로 번호를 붙인다. 또한 초기의 용액을 만들고 이 용액의 반을 사용하여 2배 묽은 용액을 만들고 이 과정을 계속하여 2배 묽은 용액을 5개 만들어서 측정하여도 좋다.

2. 증류수를 사용하여 분광기의 영점(zero point)을 조정한다.

3. 파장은 530 nm에 고정시키고 시료의 농도가 낮은 것부터 높은 농도 순으로 흡광도를 측정한다.

4. 파장을 570 nm에 고정시키고 같은 방법으로 흡광도를 측정한다.

5. (주의) 측정시마다 증류수를 이용하여 분광기의 영점(zero point)을 조정하고 시료가 담긴 cell은 깨끗이 닦아 주어야한다.

계산

구분	KMnO4					CuSO4					NaOH				
	1	2	3	4	5	1	2	3	4	5	1	2	3	4	5
흡광도															
농도															
흡광계수															

1. 흡광도와 농도와의 관계를 그래프로 그리고 결과를 설명하시오.

2. 파장의 변화에 대한 흡광도와 농도 그림이 변화하는 이유를 설명하시오.

중점 논의

1. 농도가 아주 진하면 흡광도와 농도의 관계는 어떻게 변할 것으로 예상 되는가? 그 이유는 무엇이라고 생각하는가?

2. 전자기파와 물질과의 현상이 단순한 빛의 흡수 이외 어떤 것이 있을 수 있는가?

3. 시료에 흡광도가 다른 두 가지 이상의 전자기파를 흡수하는 물질이 있다고 가정할 때 이 혼합물을 사용하여 실험에서 얻은 흡광도와 각각의 농도와는 어떠한 관계가 있는가? 실험에서 사용한 두 시료를 합하여 실험하여 결과를 얻을 수 있다.

4. Colorimeter를 사용하여 분석할 수 있는 수용액은 어떤 종류의 수용액인가? (실험결과를 토대로 설명하시오.)

5. 분석기기의 종류를 알아보고, 각각에 대해 간단한 설명을 하시오.

자외선-가시광선 분광기(UV-Visible Spectrometer) 사용 실험 (II)

목적

착색물질과 그렇지 않은 물질은 어떤 파장의 빛을 흡수하는지를 알면 쉽게 이해할 수 있다. 분광기는 어떤 파장의 빛을 흡수하는지를 측정하는 기기로 따라서 자외선-가시광선 분광기라는 기기는 빛의 영역 가운데 자외선-가시광선의 파장을 사용하여 물질의 성질을 이해하고 정량에 사용되는 가장 기본이 되는 기기이다.

이론

자외선-가시광선 분광기(UV-Visible Spectrometer) 사용 실험 (I) 참조.

카페인이나 식용 색소의 정량적 측정은 분광기로 쉽게 얻을 수 있으나 커피나 청량음료에는 이들 성분이외 캐러멜이나 액상 과당 등 다른 성분이 있기 때문에 정확한 측정을 위해서는 음료에서 원하는 성분을 추출 하여야한다. 추출 방법에는 화학 반응을 이용 할 수 있지만 이 실험에서는 DPX(disposable pipette extraction)를 사용하여 간단히 추출 과정을 조사하고 추출된 시료에서 분광기를 사용하여 원하는 성분의 농도를 알아보고자 한다.

실험 과정

준비물: 자외선-가시광선 분광기, 피펫, 플라스크, 증류수, 게토레이 분말(혹은 식용 색소 적색 40호와 청색 1호가 들어 있는 음료), 쿨 에이드 포도

맛 가루(보라색), 콜라, 레드 불, DPX-RP 5 mL(disposable pipette extraction-reverse phase) (색소 추출을 위한 피펫), DPX-WAX 5 mL (disposable pipette extraction-weak anion exchange) (카페인 추출을 위한 피펫), 70 % 이소프로판올 (isopropanol, 소독용 알코올), 스탠더드로 사용할 식용 색소 적색 40호 용액(1 mg/mL), 청색 1호 용액(1 mg/mL)과 카페인 용액(1 mg/mL).

주의: 분광기는 실험 전에 충분히 예열이 되어 있어야 한다.

실험 1

1. 우선 각 색소의 스탠더드를 2 mL를 취하여 100 mL로 묽게 한 후에 각 색소의 흡광도와 흡광 계수를 얻는다.

2. 게토레이 용액의 흡광도를 측정한다.

3. 콜라와 레드 불의 흡광도를 측정한다.

실험 2: DPX를 사용하여 보라색 쿨 에이드에서 색소 추출 과정

이 과정은 적색 색소(청색 색소에 비하여 친수성 hydrophilic)와 청색 색소(적색 색소에 비하여 소수성, hydrophobic)의 혼합물에서 DPX를 사용하면 극성에 따른 용해도 차이를 이용하여 분리할 수 있다는 원리를 이용한다.

필요한 용액 만들기

튜브 1: 1 mL의 70 % 이소프로판올과 1 mL 물을 섞은 용액

튜브 2: 2 mL의 물

튜브 3: 2 mL의 쿨 에이드

튜브 4: 4 mL의 17 % 이소프로판올

튜브 5: 2 mL의 70 % 이소프로판올

추출 과정

1. DPX를 사용하여 튜브 1에서 용액 1을 취하고 약 7 mL의 공기를 섞어서 10초 정도 기다린 후 다시 튜브 1에 따른다.

2. DPX를 사용하여 튜브 2에서 용액 2을 취하고 약 7 mL의 공기를 섞어서 10초 정도 기다린 후 다시 튜브 2에 따른다.

3. DPX를 사용하여 튜브 3에서 쿨 에이드(용액 3)를 취하고 약 7 mL의 공기를 섞어서 30초 정도 기다린 후 다시 튜브 3에 따른다. 튜브에 추출한 용액의 색이 없어지지 않으면 다시 과정 3을 반복하되 약 15초 정도 기다린다.

4. DPX를 사용하여 튜브 4에서 용액 4을 천천히 취하고 약 5 mL의 공기를 섞어서 10초 정도 기다린 후 다시 튜브 4에 따른다. 이 때 적색과 청색의 색소가 분리 된다.

5. 약 0.5에서 1.0 m의 물을 DPX 윗부분에 넣고 섞은 후 DPX를 사용하여 이 용액을 튜브 4에 따른다(친수성인 적색 색소 추출을 완전하게하기 위한 과정이고 농도가 묽어지는 정도를 기억하여야 한다).

6. 청색 색소만 남은 DPX를 사용하여 튜브 5에서 용액 5을 취하고 약 7 mL의 공기를 섞어서 10-15초 정도 기다린 후 다시 튜브 5에 따른다.

분광계를 사용하여 스펙트럼을 얻는데 농도가 너무 크면 희석시켜서 실험을 한다.

계산

1. 각 색소에 대하여 파장에 따른 흡광도를 측정하고 가장 큰 흡광도를 구한다.

2. 스탠더드를 사용한 데이터를 참조하여 최대 흡광도로부터 흡광 계수를 다른 농도 단위를 사용해서 계산한다.

3. 이 값을 이용하여 적색이나 청색 색소가 든 게토레이 용액의 색소 농도를 구한다.

4. DPX-RP 피펫은 카페인 추출에 사용할 수 있으나 콜라의 갈색은 분광기를 사용하여 농도 검증을 방해한다. 이때에는 DPX-WAX(weak anion exchange)를 사용하면 당 성분이나 갈색 색소를 분리할 수 있다. 콜라나 레드 불을 시료로 농도를 측정한다.

중점 논의

1. 커피나 차와 같은 시료는 DPX를 이용하여 간단히 카페인 추출이 어렵다, 이러한 복잡한 영액일 경우는 가스 크로마토그래피(gas chromatography, GC), 가스 크로마토그래피와 질량 분석기의 혼합기기(GC-mass spectrometer), 고성능(혹은 고압이라고도 한다) 액체 크로마토그래피(high performance (or pressure) liquid chromatography, HPLC)를 사용하여야 한다. 이들 기기의 기본인 크로마토그래피란 무엇이며 작동 원리를 설명하시오.

2. 각 색소의 구조식과 분자량을 찾고 분자량으로부터 청량음료에 얼마의 색소가 들어 있는지를 계산하시오. 또한 어떠한 구조식의 색소가 UV-Vis 분광기로 분석이 쉬운지를 설명하시오.

핵 자기 분광기를 이용한 반응 속도 측정
(measurement of reaction rates using nuclear magnetic resonance spectrometer)

목적

핵 자기 분광기를 사용하면 화합물에 존재하는 원소들의 결합 위치에 따른 각각의 피크들을 얻을 수 있다. 이 피크의 너비는 피크가 관여하는 원소들의 안정성에 따라 결정되며 화학적 교환 반응(chemical exchange)이 일어나면 교환 반응의 시간 상수에 따라 변화한다. 이 실험에서는 피루브산(pyruvic acid)이 2,2-dihydroxypropanoic acid으로 가수분해 될 때에 이들 화합물로부터 기인하는 피크의 너비를 측정하여 가수반응에서의 반응 속도를 결정하고자 한다. 이 가수분해는 산(acid)이 반응 촉매로소 작용하는데 산의 농도에 따른 반응 속도를 검토하고자 한다.

이론

1) 반응 속도론

피루브산(pyruvic acid)이 2,2-dihydroxypropanoic acid으로 가수분해 되는 반응은 다음과 같이 쓸 수 있다. 식을 간단히 하기 위하여 다음과 같이 약자를 사용하기로 한다. A = $CH_3COCOOH$, B = $CH_3C(OH)_2COOH$, AH = $CH_3C^+(OH)COOH$. 식에서 k_f는 정방향, k_r은 역방향의 반응 상수이다.

$$CH_3COCOOH + H_2O \underset{k_r}{\overset{k_f}{\rightleftarrows}} CH_3C(OH)_2COOH \quad (\text{과정}1)$$

$$\frac{d[B]}{dt} = k_f[A] - k_r[B]$$

위 식에서 물의 농도는 다른 화합물의 농도에 비하여 매우 커서 반응의 결과로 바뀌지 않는다는 가정을 하였다. 만일 이 반응이 산이 촉매로 역할을 하는 조건에서 일어난다면 위 식은 다음과 같이 변형 시킬 수 있다.

(과정2)

$$CH_3COCOOH + H^+ \Leftrightarrow CH_3C^+(OH)COOH, \quad \text{평형상수} = K_1$$

$$K_1 = \frac{[AH^+]}{[A][H^+]}$$

$$CH_3C^+(OH)COOH + H_2O \underset{k_a^r}{\overset{k_a^f}{\rightleftarrows}} CH_3C(OH)_2COOH + H^+$$

$$\frac{d[B]}{dt} = k_a^f[AH] - k_a^r[B][H^+] = k_a^f k_1[H^+][A] - k_a^r[H^+][B] = k_F[A] - k_R[B]$$

이 식에서 $k_F = k_a^f k_1[H^+]$ 이고 $k_R = k_a^r[H^+]$ 이다. 이를 사용하면 유사 1차 반응으로 식을 사용할 수 있게 된다.

평형 상태에서 $\frac{d[B]}{dt} = 0$ 이므로 연구 대상인 가수분해 반응은 열역학적 평형상수를 다음과 같이 쓸 수 있게 된다.

$$K = \frac{[B]_{eq}}{[A]_{eq}}$$

각 과정에 대하여 이를 적용시키면

$$\frac{d[B]}{dt} = k^f[A]_{eq} - k^r[B]_{eq} = 0,\ K = \frac{k^f}{k^r},\ \text{과정1}$$

$$\frac{d[B]}{dt} = k_a^f k_1[H^+][A] - k_a^r[H^+][B] = 0,\ K = \frac{k_F}{k_R},\ \text{과정2}$$

이에 더하여 평형상수와 온도의 관계는 아래의 Arrhenius 식으로 표현하는데 R은 기체상수 8.3145 J/(K*mol)이고 A는 반응에 필요한 분자 간의 유효한 충돌을 나타내는 상수이며 E_a는 활성화 에너지를 의미한다. 아래의 식은 보통 반응 상수의 로그 값, $\ln K$를 온도의 역수($1/T$)로 그래프를 그리면 기울기가 음수 값을 가지는 직선이 만들어진다. 또 반응 상수의 온도에 대한 변화는 Gibbs-Helmholtz 식으로 얻을 수 있다.

$$K = A\exp\left(-\frac{E_a}{RT}\right)$$

$$\frac{d\ln K}{d(1/T)} = -\frac{\Delta H}{R}$$

2) 핵 자기 분광학

핵 자기 분광(NMR) 스펙트럼에서는 피크의 위치와 종류, 또한 갈라진 수(splitting pattern)에 따라 각 피크에 관여하는 원자의 환경이 결정되어서 분자 내에서 각 원소를 확인하는데 사용된다. 또한 피크의 면적은 피크에 관여하는 원소의 수에 비례한다. 이 실험에서는 수소로부터 신호를 측정하므로 수소 NMR이라고 부른다. NMR 피크의 모양은 신호가 이상적일 때에는 전기적 신호가 exponential의 형태로 감소하며 이를 푸리에 변환 시킨 스펙트럼은 Lorentzian의 함수 형태를 가진다. 피크의 반값 전폭(full width at half maximum)의 값은 피크에 관여하는 수소의 고유한 성질인 횡축 이완시간인 T_2와 다음의 관계가 있다.

$$W_{FWHM} = \frac{1}{\pi T_2}$$

만일 수소의 위치가 고정되어 있지 않아서 NMR 측정 시간 동안 위치의 변화가 있으면 이는 피크 너비의 증가로 나타난다. 이는 주변의 피크에도 같은 영향을 미치게 되어 이 피크 또한 너비가 증가하게 된다. 이 실험에서는 카보닐 기(carbonyl, CO)의 옆에 존재하는 메틸 기(methyl, $-CH_3$)의 수소 피크가 이에 해당한다. 수소가 A와 B의 위치를 왕래한다면 각 위치에서의 교환 속도와 피크의 너비는 다음의 관계가 성립한다.

$$\pi W_{A,\,FWHM} = \frac{1}{T_2} + k_F, \quad \pi W_{B,\,FWHM} = \frac{1}{T_2} + k_R$$

이 식에서 각 반응속도의 역수는 그 위치에서 머무르는 시간의 역수와 같다. 따라서 온도나 수소 이온의 증가로 교환 속도가 증가하면 A와 B 피크의 너비가 증가한다. A와 B 피크의 너비가 증가하여 하나의 피크로 결합이 되는 경우에는 교환 속도가 빨라짐에 따라서 피크는 NMR 측정 시간으로는 구분이 불가능해져서 다시 너비가 줄어든다. 실험에서 사용한 피루브산 용액에서는 세 개의 피크가 측정되는데 그 중 2.60 ppm와 메틸 피크와 물이 첨가된 2,2-dihydroxypropanoic acid에서의 1.75 ppm 메틸 피크를 사용한다. 물, -COOH, -OH의 수소 피크는 계산에 관여하지 않는다.

실험과정

NMR은 고가의 장비이므로 이를 사용하여 자료를 얻기 위해서는 기기에 대한 이해가 필수적이므로 미리 기기의 책임자로부터 교육을 받거나 허가를 받아야한다.

준비물: 피루브산(pyruvic acid: 이 화합물은 무색이고 흡습성이 있으므로 취급에 주의를 기울여야한다), 황산, 증류수.

다음과 같은 용액을 준비한다. 이 때 중수(D_2O)는 NMR 측정을 위한 화합물이다.

용액	피루브산, mL	황산, mL	증류수, mL	중수, mL
1	1.0	0	1.1	0.1
2	1.0	0.1	1.0	0.1
3	1.0	0.2	0.9	0.1
4	1.0	0.3	0.8	0.1
5	1.0	0.4	0.7	0.1
6	1.0	0.5	0.6	0.1

각 용액으로부터 수소 스펙트럼을 얻고 2.60 ppm과 1.75 ppm 피크에서 자세한 정보를 얻기 위하여 약 3.5 ppm – 1.2 ppm 사이의 스펙트럼을 확대한다. 수소 농도에 따라 피크의 위치가 변하기 때문에 스펙트럼을 확대하고자 할 때에는 이를 고려하여야한다. 각 피크의 면적과 너비를 측정한다. 이를 위해서는 간단히 기기에 포함된 프로그램을 사용하거나 전문적인 프로그램을 사용할 수도 있다. 수소 이온의 농도와 피크의 너비는 직선의 기울기를 가지는 데이터이어야 한다.

계산

1) 수소이온은 농도와 피크의 너비를 그래프로 그린다. 이로부터 k_F 와 k_R 의 값을 구한다.

2) 피크의 면적은 피크에 관여하는 수소의 농도에 비례하므로 $K = [B]_{eq}/[A]_{eq}$ 식으로부터 각 용액의 K 값을 구한다.
3) 위 값을 사용하여 과정1과 2의 정방향 역방향의 속도상수를 구한다.

중점 논의

1) 피루브산의 취급에 주의하여야 한다. 만일 피루브산에 불순물이 있으면 결과는 어떻게 알 수 있는가. 피루브산의 불순물을 제거하기 위한 정제 과정은 어떤 방법이 있는가?

2) 피크의 형태를 더 자세히 알려면 각 피크를 Lorentzian의 함수 형태에 맞추어서 결과를 보면 알 수 있다. NMR 데이터는 디지털화 되어 있으므로 쉽게 검증이 가능하다. 만일 피크가 Lorentzian의 함수 형태에서 벗어난다면 어떤 이유에서 인가?

3) NMR로 측정할 수 있는 1차 반응의 화합물은 어떤 반응이 있을 것인가?

전도도계를 사용한 에틸아세테이트의 비누화 반응
(Measuring Kinetics of the Saponification of Ethylacetate by Conductivity Meter)

목적

전도도계의 사용 방법을 익히고 이를 이용하여 에틸아세테이트를 사용하여 이온 발생 반응에서 반응의 차수, 속도 상수, 아레니우스 식(Arrhenius equation)에서 상수와 활성화 에너지를 구한다. 에틸아세테이트가 염기 촉매 하에서 에틸알코올과 아세테이트 이온으로 분해되는 반응을 흔히 비누화 반응이라고 부르는데 이러한 반응으로 지방을 분해하여 알킬기가 긴 지방산을 제조하는 과정이 비누 제작 과정이기 때문이다.

이론

실험에 사용되는 반응식과 반응 메커니즘은 다음과 같다.

$$CH_3COOCH_2CH_3 + OH^- \Rightarrow CH_3COO^- + CH_3CH_2OH$$

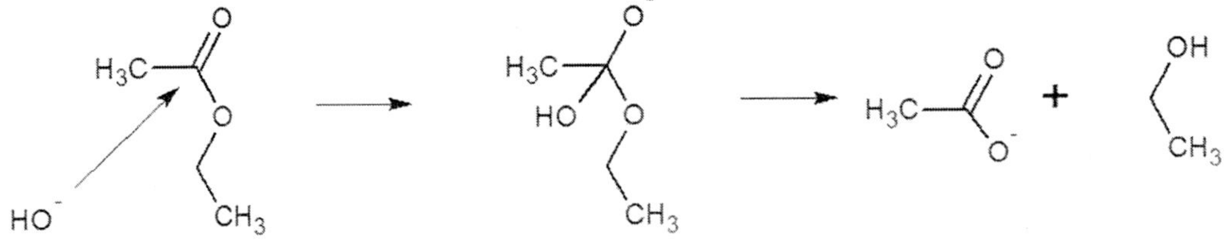

위 반응은 거의 완전히 반응하므로 평형에서는 생성물이 대부분이라고 가정하며 본 실험에서는 염기로 NaOH를 사용한다. 실험에서는 반응 속도와 속도의 온

도 의존을 구하고자한다. 이 반응은 이온을 포함하는데 농도를 고려한 아세테이트 이온의 전도성이 수산기(OH)의 전도성에 비하여 매우 작은 값이어서 이를 이용한다. 이 때 용액에 존재하는 Na^+ 이온의 농도는 일정하므로 이는 배경 값(background value)으로 처리한다.

$$aA + bB \Leftrightarrow cC + dD$$

위에 기술한 일반적인 반응에서 반응 속도는 다음과 같은 식으로 표시한다.

$$반응속도 = -\frac{1}{a}\frac{d[A]}{dt} = -\frac{1}{b}\frac{d[B]}{dt} = \frac{1}{c}\frac{d[C]}{dt} = \frac{1}{d}\frac{d[D]}{dt} = k[A]^n[B]^m$$

반응속도 식에서 n과 m은 반응차수라고 부르며 이 값을 구하는 간단한 방법은 반응에 관여하는 어떤 한 종류의 반응물의 농도를 매우 높여서 반응 과정에서 이것의 농도는 변하지 않는다는 가정을 성립시키는 것이다. 이런 경우 이 반응물의 농도는 다음과 같이 상수로 처리할 수 있다.

$$-\frac{d[A]}{dt} = k[A]^n[B]^m = (k[B]^m)[A]^n = k_{eff}[A]^n$$

만일 차수가 1이나 2라면 간단하게 농도의 변화와 속도 상수와의 관계를 구할 수 있다.

$$-\frac{d[A]}{dt} = k_{eff}[A] \Rightarrow \ln\frac{[A]}{[A]_0} = -k_{eff}t \quad 1차반응$$

$$-\frac{d[A]}{dt} = k_{eff}[A]^2 \Rightarrow \frac{1}{[A]} = k_{eff}t + \frac{1}{[A]_0} \quad 2차반응$$

만일 반응이 A와 B에 대하여 각각 1차이면 물리화학 교재 21장에 기술에 의하면 다음과 같이 쓸 수 있고 이때 x는 반응의 진척을 나타낸다.

$$-\frac{d[A]}{dt}=k[A][B]$$

$$\frac{1}{[B]_0-[A]_0}\left[\ln\left(\frac{[A]_0}{[A]_0-x}\right)-\ln\left(\frac{[B]_0}{[B]_0-x}\right)\right]=\ln\left(\frac{[B]/[B]_0}{[A]/[A]_0}\right)=([B]_0-[A]_0)kt$$

이를 위에서 기술한 1차와 2차 반응식에 대입하면 다음과 같다.

$$\ln\left(\frac{[A]_0-x}{[A]_0}\right)=-kt \Rightarrow \ln\left(1-\frac{x}{[A]_0}\right)=-kt \quad \text{1차반응}$$

$$\frac{1}{[A]_0-x}=kt+\frac{1}{[A]_0} \Rightarrow \frac{1}{1-x/[A]_0}=[A]_0kt+1 \quad \text{2차반응}$$

$$kt=\frac{1}{[B]_0-[A]_0}\ln\left(\frac{[B]_0}{[A]_0}\right) \quad A\text{가 약간 제한될 때 } ([A]_0<[B]_0)$$

이들 식은 1차 반응일 경우 시간에 따른 농도의 변화를 로그 값으로 변환시켜서 그래프를 그리면 기울기가 음수인 직선이 되고 기울기로부터 속도상수를 구할 수 있다. 2차 반응일 경우 $1/(1-x[A]_0)$를 사용하면 직선이 된다.

이 실험에서 반응의 진척 정도는 전도도(conductance)를 측정하여 얻는다. 이 기기의 원리는 다음과 같다. 면적이 "A"인 전극 "+"와 "-" 사이에 전해질인 용액이 있다고 가정을 하자. 이 들 전극에 측정되는 전류 "I"는 "$\Delta V=IR$"의 식으로 구할 수 있고 이 식에서 "R"은 용액의 저항을 나타낸다. 전도도(conductance) "G"는 저항의 역수 값이며($G=1/R$) 단위는 "ohm^{-1}"이고 "siemens"의 약자인 "S"로 쓴다. 전도율(conductivity) κ는 전류가 흐르는 전극의 면적 "A"에 비례하고 전극간의 거리 "l"에 반비례한다.

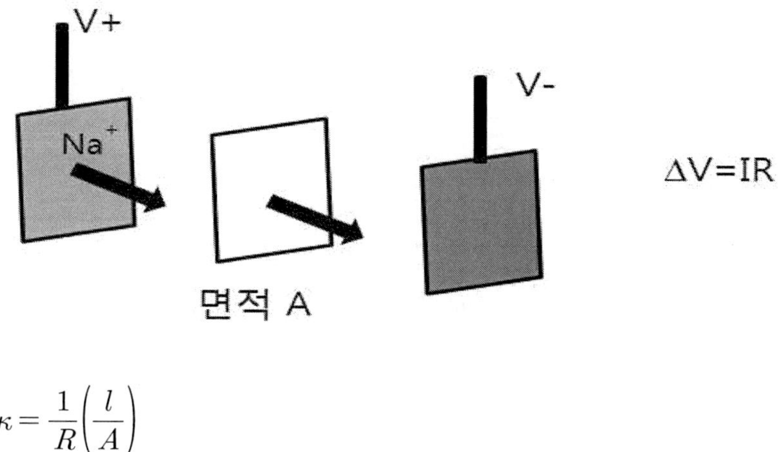

$$\kappa = \frac{1}{R}\left(\frac{l}{A}\right)$$

단위는 "S"가 큰 값이어서 보통 μS를 사용하므로 전도율의 단위는 "μS cm^{-1}"을 사용한다. 전도율은 용액에 있는 전해질의 농도에 비례하므로 이를 농도로 나눈 몰 전도율 Λ_m 은 다음과 같이 정의한다. 식에서 "c"는 몰 농도를 표시한다.

$$\Lambda_m = \frac{\kappa}{c} \Rightarrow \kappa = \Lambda_m c$$

몰 전도율은 용액의 농도에 따라 변하지만 실험에서처럼 묽은 용액에서는 용액의 전도율은 이온의 합에 비례한다고 근사할 수 있다. 실험에서는 Na^-, OH^-와 CH_3COO^- 세 가지 이온이 있으므로 전도율은 다음과 같다. 세 이온의 몰 전도도는 온도가 25도 일 때에 각각 50.9, 192.와 40.8 μS cm^2 mol^{-1} 의 값을 가진다.

$$\kappa = [Na^+]\Lambda_{Na^+} + [OH^-]\Lambda_{OH^-} + [CH_3COO^-]\Lambda_{CH_3COO^-}$$

실험 조건에서 아세테이트 이온의 농도는 수산기 이온의 농도의 약 1/5 정도이므로 무시한다. 또한 용액에 존재하는 Na^+ 이온의 농도는 일정하므로 이는 배경값(background value)으로 처리한다.

수산기 이온을 [A]로 하고 에틸아세테이트를 [B]라고 쓰고 실험 조건에 사용된 이온들의 전도도와 반응 속도 공식을 결합하고자 한다. 식을 간단하게 만들기 위하여 에틸아세테이트는 전기적으로 중성이고 아세테이트 이온의 전도도를 무시한다는 가정을 사용하는 경우에는 다음의 결론을 얻을 수 있다.

$$\kappa = [Na^+]\Lambda_{Na^+} + [OH^-]\Lambda_{OH^-} = [OH^-]_0\Lambda_{Na^+} + ([OH^-]_0 - x)\Lambda_{OH^-}$$

반응 초기 조건($t=0$)에서는 다음과 같이 쓸 수 있다.

$$\kappa = [Na^+]_0\Lambda_{Na^+} + [OH^-]_0\Lambda_{OH^-} = [OH^-]_0\Lambda_{Na^+} + [OH^-]_0\Lambda_{OH^-}$$

수산기의 농도를 작게 사용하였으므로 반응이 끝난 후에는 수산기는 거의 존재하지 않으므로 전도도는 다음과 같다.

$$\kappa_\infty = [Na^+]_0\Lambda_{Na^+} + [OH^-]_\infty\Lambda_{OH^-} = [OH^-]_0\Lambda_{Na^+}$$

반응의 진척 정도 "x"는 다음으로 구한다.

$$\frac{\kappa_0 - \kappa}{\kappa_0 - \kappa_\infty} = \frac{x}{[OH^-]_0}$$

활성화 에너지와 반응 속도와의 관계는 아레니우스 식(Arrhenius equation)에서 얻을 수 있는데 온도와 반응 속도와의 관계를 알기위하여 이 식의 변형시키면 다음과 같다.

$$k = A\exp\left(-\frac{E_a}{RT}\right) \Rightarrow \ln k = -\frac{E_a}{R}\frac{1}{T} + \ln A$$

만일 서로 다른 두 온도 T_1과 T_2에서 속도 상수를 구할 수 있다면 위 식을 사용하여 다음과 같은 관계를 얻을 수 있다.

$$\ln\frac{k_{T_2}}{k_{T_1}} = -\frac{E_a}{R}\left(\frac{1}{T_2} - \frac{1}{T_1}\right)$$

위 식에서 활성화 에너지 값을 얻으면 아레니우스 식을 사용하면 "A" 값을 구할 수 있게 된다.

실험과정

준비물: 시험관, 클램프, 중탕냄비, 피펫, 50 ml 비커, 전도도계, 0.02 M NaOH 용액, 0.2 M과 0.05 M 에틸 아세테이트 용액(에틸 아세테이트는 수용액에서 자연적으로 가수분해가 가능하므로 실험 직전 만들어서 사용한다).

실험은 세 가지로 나누어서 행한다. 처음 실험은 NaOH의 양을 적게 하여 한계반응의 과정을 검증하고, 두 번째 실험에서는 에틸 아세테이트 양을 적게 하여서 한계반응 조건을 만든다. 세 번째는 처음 조건과 동일하나 온도를 높여서 반응시켜서 활성에너지와 "A" 값을 구한다.

1) 상온에서 세 개의 실험관을 클램프로 고정하여 중탕냄비에 성치한다. 전도도계의 전극을 빈 실험관에 넣어 상온인 중탕냄비의 온도와 같게 한다. 피펫을 사용하여 20 mL 0.2 M 에틸 아세테이트 용액을 실험에 사용할 시험관

에 옮긴 후 전도도계의 전극을 이 실험관에 위치시킨다. 새로운 피펫이나 깨끗한 피펫을 사용하여 20 mL 0.02 M NaOH 용액을 세 번째 실험관에 옮겨 놓는다. 이 용액을 전도도계가 들어 있는 에틸 아세테이트 용액 실험관에 붓고 전도도계를 아래위로 움직여서 용액이 잘 섞이게 한다. 10초간 격으로 약 20분 동안이나 전도도가 변화하지 않을 때까지 전도도를 기록한다. 실험이 끝난 후 전도도계는 증류수로 잘 세척하고 실험용 휴지로 닦는다.

2) 위에 설명한 것과 같은 방법으로 실험을 하나 20 mL 0.05 M 에틸 아세테이트 용액과 20 mL 0.02 M NaOH 용액을 사용한다. 이 실험으로 상온에서의 반응속도를 구한다.

3) (1)번의 실험을 중탕냄비의 온도를 20도 올려서 반복한다.

4) (3)번의 실험을 중탕냄비의 온도를 20도 올려서 반복한다. 반응속도와 활성화 에너지 값을 얻을 수 있다.

5) 모든 실험이 끝난 후에 각 용액의 전도도를 다시 측정하여 변화를 보고 변화가 있으면 이 값을 측정한 마지막 값, κ_∞으로 정한다.

계산

1) 각 실험의 결과로부터 데이터를 다음 식에 대입하여 $x/[OH^-]_0$ 값을 구한다.

$$\frac{\kappa_0 - \kappa}{\kappa_0 - \kappa_\infty} = \frac{x}{[OH^-]_0}$$

2) 에틸 아세테이트의 양이 과량 존재한다는 가정이 성립하는 실험 조건에서 다음의 식에 맞추어서 그래프를 그린다. 이로부터 실험 차수와 반응 속도를 구한다.

$$\ln\left(\frac{[A]_0-x}{[A]_0}\right)=-kt \Rightarrow \ln\left(1-\frac{x}{[A]_0}\right)=-kt \quad \text{1차반응}$$

$$\frac{1}{[A]_0-x}=kt+\frac{1}{[A]_0} \Rightarrow \frac{1}{1-x/[A]_0}=[A]_0kt+1 \quad \text{2차반응}$$

3) 에틸 아세테이트와 NaOH가 비슷한 양을 사용한 경우의 실험 데이터를 사용하여 위의 세 가지 그래프를 그리고 반응 차수와 반응 속도를 구한다.

4) 온도 변화의 데이터로부터 아래의 식을 사용하여 활성 에너지와 아레니우스 식의 상수 "A"값을 구한다.

$$\ln\frac{k_{T_2}}{k_{T_1}}=-\frac{E_a}{R}\left(\frac{1}{T_2}-\frac{1}{T_1}\right)$$

5) 계산한 결과의 수치들의 단위가 일치하도록 주의한다.

중점 논의

1) 실험의 데이터가 반응 메커니즘과 일치하는가?

2) 에틸 아세테이트 대신 메틸 아세테이트나 프로필(propyl) 아세테이트를 사용

하면 결과에 어떤 영향을 미칠 것인가? 즉 반응 차수나 반응속도에 변화는 어떻게 예상되는가?

3) 반응 속도 결과로부터 반응의 엔탈피를 구할 수 있는 방법을 기술하면 어떤 관계로부터 구할 수 있는가?

과산화수소 분해 반응을 이용한 반응 속도론
(reaction kinetics using decomposition of hydrogen peroxide)

목적

본 실험은 초기 반응 속도법을 이용하여 반응차수를 구하고 온도에 따른 반응 속도로부터 활성화 에너지를 구하는 방법을 실험한다.

이론

반응의 속도는 반응물이 소비되거나 생성물이 만들어지는 속도이다. 이는 실험적으로는 반응물이나 생성물의 농도를 시간에 대하여 측정하여서 얻을 수 있다. 농도는 기체가 발생할 경우는 기체의 부피를 측정하거나 혹은 분광기를 사용하여 특정 물질에 대한 정량적 정보를 얻는다. 이 실험에서 사용하는 반응은 과산화수소(H_2O_2)를 요오드화칼륨(KI) 촉매를 사용하여 분해하면 산소와 물이 생성된다는 반응이다. 촉매로 사용하는 요오드화칼륨은 반응식에는 나타나지 않지만 반응속도에는 영향을 미치며 반응의 속도는 속도법칙에 따라 다음과 같이 나타낼 수 있다.

$$2H_2O_2\,(aq) \xrightarrow{KI} 2H_2O\,(l) + O_2\,(g)$$

$$rate = \frac{\Delta[O_2]}{\Delta t} = -\frac{1}{2}\left(\frac{\Delta[H_2O_2]}{\Delta t}\right) = k[H_2O_2]^m[KI]^n$$

이 식에서 k는 속도상수이며 m과 n은 각각 과산화수소와 요오드화칼륨에 대한 반응차수이다. 이 실험의 목적은 초기 반응속도법에 의해 위 반응차수 m과 n

을 구하는 것이다. 따라서 다음의 표와 같이 반응물의 초기농도를 변화시켜 반응을 개시하고 반응초기의 반응속도를 시간에 따라 산소 발생량으로부터 구한다. 일정한 압력아래에서 일어나는 반응일 경우 아래 표에서 사용한 부피는 농도에 비례한다는 것을 기억하라.

반응	3 % H_2O_2(mL)	0.15 M KI(mL)	H_2O(mL)	전체 부피(mL)
a	5.00	10.00	15.00	30.00
b	10.00	10.00	10.00	30.00
c	5.00	20.00	5.00	30.00

세 반응(반응 a, b와 c)의 반응속도는 각각 속도법칙에 따라 다음과 같이 나타낼 수 있다.

$$\text{반응 } a\text{의 } rate = k[5.00]^m[10.00]^n$$

$$\text{반응 } b\text{의 } rate = k[10.00]^m[10.00]^n$$

$$\text{반응 } c\text{의 } rate = k[5.00]^m[20.00]^n$$

위 식들에서 나누기와 대수를 취하는 과정을 거치면 각각 다음과 같은 관계식을 얻을 수 있다.

$$\log\frac{\text{반응 } b\text{의 } rate}{\text{반응 } a\text{의 } rate} = m\log2 = 0.3010\,m$$

$$\log\frac{\text{반응 } c\text{의 } rate}{\text{반응 } a\text{의 } rate} = n\log2 = 0.3010\,n$$

용액의 전체 부피를 일정하게 하였으므로 반응불의 부피를 농도로 대치할 수 있다. 따라서 a, b와 c 세 반응속도 실험으로부터 반응차수 m과 n을 구할 수 있다.

또한 온도에 따른 반응의 속도의 변화는 아레니우스 식(Arrhenius equation)으로 얻을 수 있는데 두 개의 다른 온도에서 반응속도를 측정하고 이 들 식을 정리하면 아래에 적은 관계식을 얻을 수 있다. 이 식에서 R은 기체상수 8.3145 J/(K*mol)이고 상수 A는 분자들이 충돌하여 반응을 할 때 반응물을 만들 수 있을 만큼의 효율적인 충돌이 얼마나 잘 일어나는가를 나타낸다. 아래의 식은 보통 반응 상수의 로그 값 $\ln K$를 온도의 역수 $1/T$에 대해 그래프를 그리면 기울기가 음수 값을 가지는 직선이 만들어진다.

$$k = Ae^{-E_a/RT}$$

$$\ln k = \ln A - \frac{E_a}{RT}$$

$$\ln k_2 - \ln k_1 = -\frac{E_a}{R}\left[\frac{1}{T_2} - \frac{1}{T_1}\right]$$

실험 과정

준비물: 히터(혹은 중탕냄비), 0.15 M 요오드화칼륨(KI) 용액, 증류수, 3 % 과산화수소(H_2O_2) 용액, 온도계, 뷰렛이나 기체 부피 측정 장치, 250 mL 삼각플라스크, 눈금 실린더, 스탠드와 클램프, 고무마개, 비커, 피펫, 호스

그림과 같이 반응용기와 기체부피 측정 장치(혹은 뷰렛)를 조립한다. 기체부피 측정관 대신에 50 mL 뷰렛을 사용하거나 수위 조절용기가 없으면 그림과 같이 구부러진 사이폰 유리관을 걸친 비커를 이용할 수도 있다. 마개는 기체가 새지 않도록 연한 고무마개를 사용한다. 물통에 반 정도의 높이로 물을 채우고 온도계를 장

치한다. 플라스크를 중탕냄비에 넣고 중탕냄비의 2/3 정도까지 물을 채운다음 온도를 기록한다. 기체 부피 측정관(혹은 뷰렛)의 고무마개를 열고 물을 채우고 스탠드에 클램프를 사용하여 고정한다. 수위 조절용기를 아래, 위로 움직여 수위가 0점 눈금의 아래(즉 눈금이 있는 곳)에 오도록 조절한 후 마개를 닫는다. 실험을 시작하기 전에 이 장치에서 물이 새지 않는지 점검한다. 수위 조절용기를 위와 아래로 움직일 경우에도 기체 부피의 측정관의 수위가 거의 움직이지 않으면 된다.

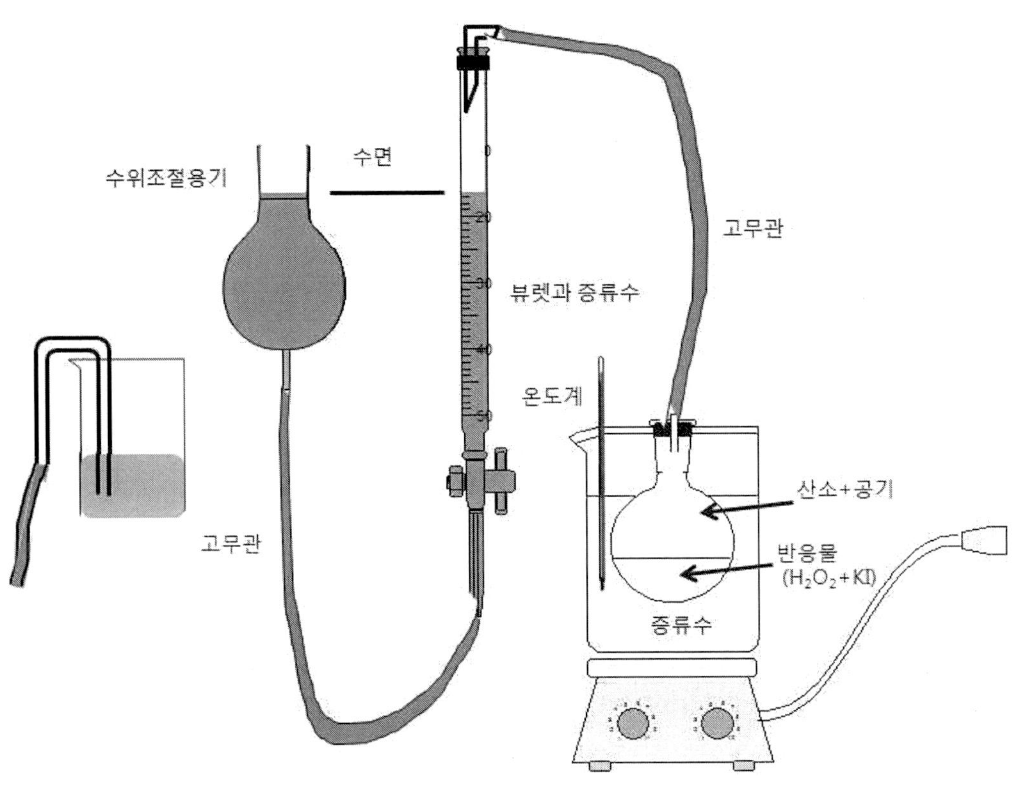

1. 반응용기 마개를 열고 0.15 M KI 용액 10 mL와 증류수 15 mL를 반응용기에 넣고 조금 흔들어서 반응물의 온도와 물통의 온도가 같아지도록 한다. 여기에 3 % 과산화수소(H_2O_2) 용액 5 mL를 더하고 바로 마개를 닫은 다음 반응

용기를 잘 흔들어 준다. 이때 손에 의하여 반응용기의 온도가 상승하지 않도록 반응용기의 윗부분을 잡도록 한다.

2. 약 2 mL의 산소가 발생될 때부터 시간을 측정하기 시작한다. 일정한 압력에서(이 경우는 대기압) 산소의 부피를 측정하는 것이 중요하다. 그러므로 기체 부피 측정관과 수위조절용기의 수위를 같게 조절한 다음 발생된 산소의 부피를 측정하도록 한다. 발생된 산소의 부피가 2 mL씩 증가할 때마다 시간을 측정해서 전체 부피가 14 mL가 될 때까지 계속하거나 아니면 10초마다 부피를 측정하거나 하여서 약 3분 동안 부피를 측정한다.

3. 반응 용기를 증류수로 깨끗이 씻고 0.15 M KI 용액 10 mL와 증류수 10 mL와 3 % 과산화수소 용액 10 mL를 가지고 같은 실험을 반복한다.

4. 반응 용기를 증류수로 깨끗이 씻고 이번에는 0.15 M KI 용액 20 mL와 증류수 5 mL와 3 % 과산화수소 용액 5 mL를 가지고 같은 실험을 반복한다.

5. 중탕냄비로 물의 온도를 10도 와 20도 증가시켜서 실험 2의 과정을 반복한다.

계산

데이터 기록

실험 1 (반응 a)		실험 2 (반응 b)		실험 3 (반응 c)	
부피 (mL)	시간 (분)	부피 (mL)	시간 (분)	부피 (mL)	시간 (분)

세 가지 실험(반응 a, b와 c) 각각에 대하여 발생된 산소의 부피를 세로축으로 하고 경과된 시간을 가로축으로 하여 그래프용지에 그림을 그린다. 이때 처음 2 mL의 산소가 발생된 시간을 0으로 잡는다.

시간에(sec) 따른 산소 기체 발생 부피(mL) 그래프 도시

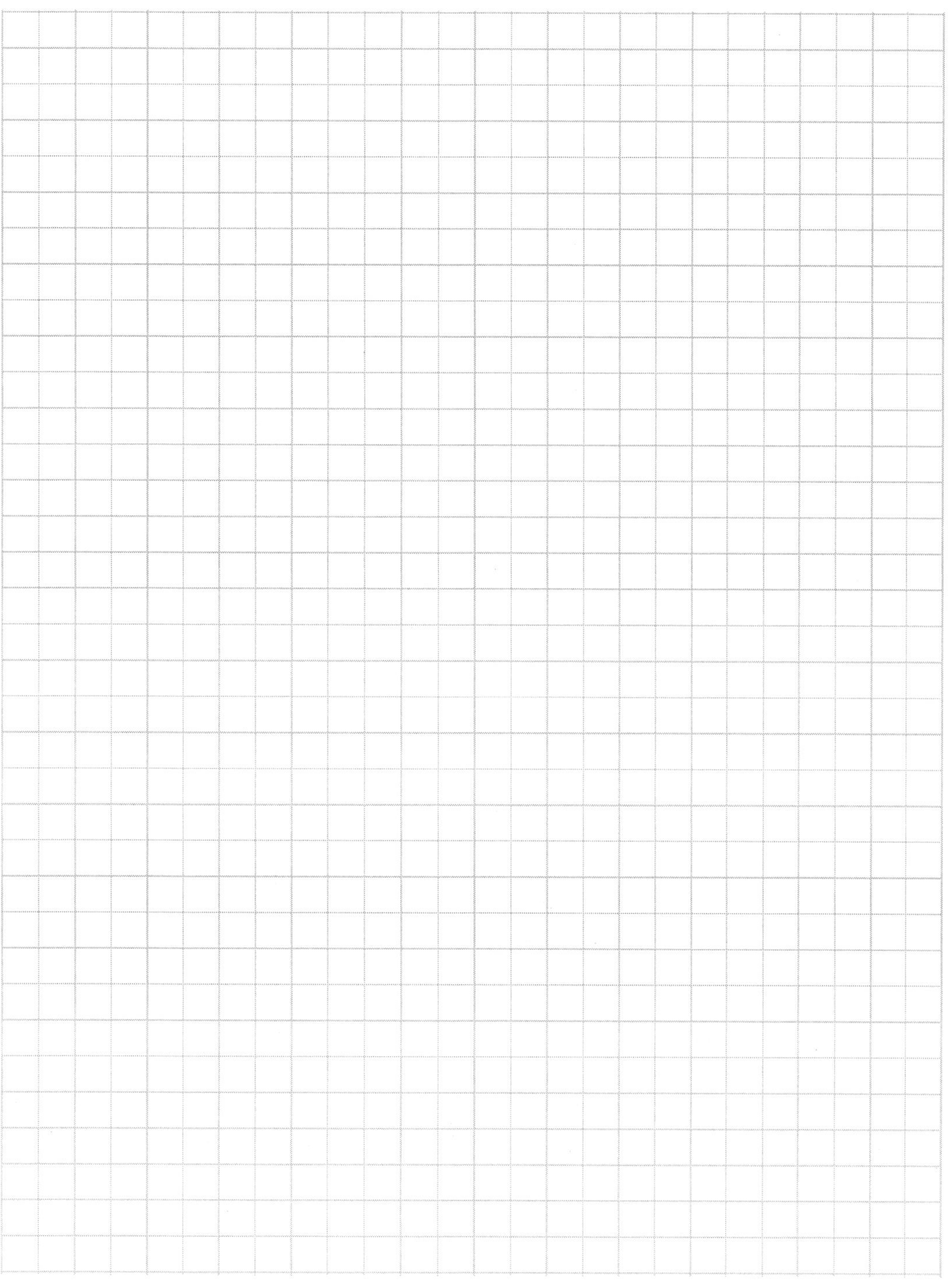

각 실험의 반응초기에서 얻어지는 직선 부분의 기울기(mL/sec)를 구한다. 이것이 산소의 발생 속도이고 이는 각 반응의 초기반응 속도가 된다.

반응속도

$$\text{반응 } a\text{의 } rate = k[5.00]^m[10.00]^n \quad =$$

$$\text{반응 } b\text{의 } rate = k[10.00]^m[10.00]^n \quad =$$

$$\text{반응 } c\text{의 } rate = k[5.00]^m[20.00]^n \quad =$$

반응차수

$$\log\frac{\text{반응 } b\text{의 } rate}{\text{반응 } a\text{의 } rate} = m\log 2 = 0.3010\,m \quad m=$$

$$\log\frac{\text{반응 } c\text{의 } rate}{\text{반응 } a\text{의 } rate} = n\log 2 = 0.3010\,n \quad n=$$

이 식을 이론 단원에 있는 식에 대입하여 m과 n 값을 구하고 반올림하여 정수로 만든다. 이 값이 각각 과산화수소와 요오드화칼륨에 대한 반응차수가 된다.

실험 1 (반응 a) 반응속도	
실험 2 (반응 b) 반응속도	
실험 3 (반응 c) 반응속도	
과산화수소에 대한 반응차수	
요오드화칼륨에 대한 반응차수	
반응속도의 식	

중점 논의

1. 각 실험의 반응속도를 나타낸 그림에서 반응속도의 경향을 말하고 그 이유를 설명하시오. 예를 들어 과산화수소의 농도가 1/2로 줄면 반응속도에는 어떤 영향을 미치는가?

2. 반응 용기의 온도를 10도와 20도 증가시킨 결과 즉 실험 1(반응 a)에서 물통의 온도가 상승하였다면 m과 n의 값이 어떻게 변화하겠는가?

3. 이상기체의 식($PV=nRT$)를 사용하여서 산소의 생성속도를 계산하시오.

4. 반응용기를 초기에 잘 섞지 않았으면 산소로 초 포화상태가 된다. 결과에 어떤 영향을 미치겠는가?

5. 만일 과산화수소나 요오드화칼륨의 농도를 직접 측정할 수 있다고 가정하면 농도에 대한 시간의 그래프는 각각 어떤 모양이 될 것인가?

스티로폼 열량계를 이용한 반응열 측정
(measurement of heat of reaction using styrofoam calorimeter)

목적

일정한 압력에서 화학반응이 일어나는 경우 이 반응에 수반되는 열 출입을 반응 엔탈피(ΔH, enthalpy of reaction)라고 부른다. 열 출입을 측정하는 기구는 열량계이며 이는 외부와의 열이나 물질의 출입이 없는 상태에서 반응에서 일어나는 열의 변화가 온도의 변화로 바뀌게 하여 온도 변화로부터 반응에 필요한 열인 엔탈피를 측정하는 장치이다. 이 실험에서는 간단한 스티로폼 열량계를 이용하여 반응열을 측정하고자 한다.

이론

열의 흐름으로 인한 계의 반응을 연구하는 학문을 열역학이라고 하는데 대부분의 화학반응은 열의 출입을 수반한다. 이 열은 분자의 결합을 변화시키거나 운동에너지를 바꾸는데 사용된다. 열이 외부에서 흡수되는 반응을 흡열반응(endothermic reaction), 외부로 열이 방출되는 반응을 발열반응(exothermic reaction)이라고 부른다. 열의 출입은 온도의 변화로 추정을 하는데 열과 온도 변화와의 관계를 열용량이라 하고 압력이 일정한 경우 C_P로 나타낸다. 열용량 C_P는 물질의 질량 m과 비열 c의 곱시된다. 비열은 물질 1그램을 온도 1도 올리는데 필요한 열을 말한다. 이를 수식으로 표현하면 다음과 같다.

$$q = C_P \Delta T = m \cdot c \cdot \Delta T$$

비열은 양의 숫자이므로 온도의 변화가 양이면 발열반응, 음이면 흡열반응을 의미한다.

이 실험은 산과 염기의 중화반응에서 생성물은 물과 염이고 이 때 발생하는 열을 측정하여 위의 식을 적용해 보기로 한다.

실험 과정

준비물: 1 M NaOH, 1 M HCl, 2 M H_2SO_4, 2 M NH_4OH, 비이커, 스티로폼 컵, 온도계

1) HCl 50밀리리터를 열량계에 넣고 온도를 측정한다.

2) NaOH 50밀리리터를 정확하게 측정하여 비이커에 넣고 온도를 측정한다. 측정한 온도가 HCl과 다르면 찬 물이나 따뜻한 물을 비에커 밖으로 흘려서 온도가 같도록 만든다.

3) 온도가 같게 된 후에 NaOH 용액을 HCl인 들어있는 열량계에 붓고 뚜껑을 닫은 후 젓개로 여러 번 용액을 잘 섞은 후에 온도를 15초 마다 약 3분 간 측정한다.

4) 가장 큰 차이를 보이는 온도를 ΔT로 기록한다.

5) 중점 논의에 설명한 열량계의 비열을 고려하고자 뜨겁고 찬 물을 이용하여 실험을 한 후 중화반응을 반복한다.

6) 산과 염기의 종류를 바꾸어서 실험한다. (황산+암모니아수)

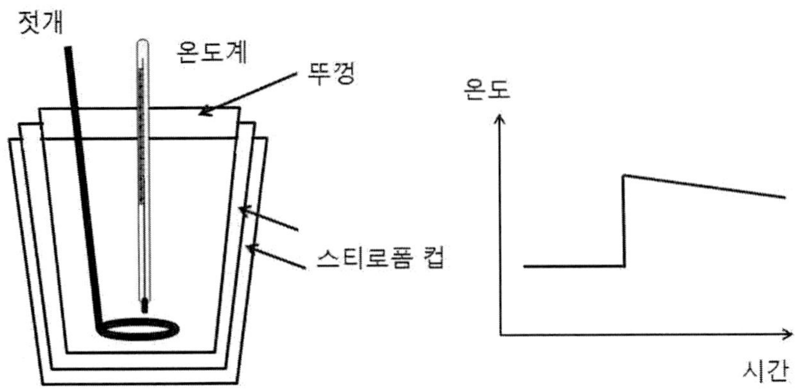

계산

1) 온도와 시간에 대한 변화를 그래프로 그린다.

중화 반응에서의 온도 변화

시간	산과 염기의 혼합 용액 1, (℃)	산과 염기의 혼합 용액 2, (℃)
0		
15초		
30초		
45초		
60초		
75초		
90초		
105초		
130초		
145초		
160초		
175초		
190초		

2) 각 반응에서 균형방정식을 쓴 후에 기록한 온도 변화로부터 열량과 표준 반응 엔탈피를 계산한다. 이 때 표준 반응 엔탈피는 생성된 물 1몰에 대한 값이다.

	산과 염기의 혼합 용액 1	산과 염기의 혼합 용액 2
용액의 부피 (mL)		
용액의 무게 (g)		
온도 변화 (℃)		
용액이 얻은 열량 (J), A		
열량계가 얻은 열량 (J), B		
중화반응 열 (J) (A+B)		
용액의 밀도 (g/mL)		
용액의 비열 (J/g℃)		
사용한 산의 몰 수		
사용한 염기의 몰 수		
생성된 물의 몰 수		
반응 엔탈피 (kJ/발생한 뭉의 몰 수)		

3) 이론값과 비교하여 퍼센트 에러 값을 계산하시오. 퍼센트 에러는 다음 식으로 구한다.

$$\% error = \frac{측정값 - 이론값}{이론값} \times 100\%$$

중점 논의

1) 사용한 스티로폼 열량계가 흡수하거나 내어놓는 열은 무시하여 계산하였지만 에러를 줄이기 위해서는 이를 고려하는 것이 반드시 필요하다. 이를 계산하기위하여 온도를 알고 있는 뜨거운 물과 찬 물을 사용하면 간단히 알 수 있다. 어떻게 하면 측정이 가능한가? 이 때 이론 편에 있는 식은 어떻게 변형시켜야 하는가?

2) 위 1번의 가정이외에 또 다른 가정에는 무엇이 있겠는가?

3) 산과 염기의 중화반응에서 발생하는 열의 원인은 무엇인가?

용액	밀도, g/mL	비열, (J/g°C)
H_2O	1.00	4.18
NaCl	1.04	3.89
$(NH_4)_2SO_4$	1.03	3.89

화합물	표준생성열, ΔH°_f, kJ/mol	화합물	표준생성열, ΔH°_f, kJ/mol
H_2O	-285.8	H_2SO_4	-909.2
HCl	-167.4	NH_4OH	-362.3
NaOH	-469.4	NaCl	-407.1
$(NH_4)_2SO_4$	-1174.4	HNO_3	-207.5
$NaNO_3$	-446.4	NH_4NO_3	-339.7

핫 팩과 콜드 팩 만들기
(making hot pack and cold pack)

목적

화학물질은 화학결합을 통하여 에너지를 저장하며 화학반응은 이 에너지가 열로 변하는 과정이다. 반응이 일어날 때 주위로 열을 방출하면 발열반응(exothermic reaction)이라고 하고 이와는 반대로 주위로부터 열을 흡수하는 반응을 흡열반응(endothermic reaction)이라고 부른다. 수용액이 만들어 질 때에 일어나는 반응열을 측정하여 몰 엔탈피를 계산하고 이로부터 용액의 온도 변화를 통하여 발열 흡열 반응을 이해하고, 생활에서 사용되는 핫 팩과 콜드 팩의 원리를 이해하고자 한다.

이론

화합물이 물에 용해가 될 때에도 열을 방출하거나 흡수 할 수 있다. 주위에서 흔히 볼 수 있는 핫 팩과 콜드 팩은 근육이나 관절에서 발생하는 가벼운 부상으로 인한 증상을 완화시키는데 사용되는데 부상 초기에는 콜드 팩을 사용하여 발생할지 모르는 염증을 억제하고 어느 정도 시간이 지난 후에는 핫 팩을 사용하여 순환을 도와서 치료에 도움이 되도록 한다.

간단한 구조로는 물과 화학물질(보통 염)을 서로 분리시킨 형태에서 필요할 때 그 분리막을 제거하여 잘 섞이게 하면 용액이 만들어지면서 흡열(콜드 팩)이나 발열반응(핫 팩)이 일어나게 하는 원리를 이용한 것이다. 염은 양전하를 가지는 양이온과 음전하를 가지는 음이온이 정전기적 힘으로 결정 구조가 유지되는데 이 염이 물에 녹으면서 물 분자의 쌍극자(dipole)와의 인력으로 안정화 되는 과정에서 에너지 차이로 열이 발생하거나 흡수가 된다. 이때의 반응열은 “kJ/mol”로 표시하는 것이 보통이며 발열이면 “-” 흡열이면 “+”의 부호로 표시한다. 발생하는 열은 열량계를 사용하면 정확한 값을 구할 수 있고 실험에서는 스티로폼 컵과 젓개를 이용한 간단한 장치로 열 출입을 측정한다. 열의 출입으로 인한 온도 변화는 다음 식으로 구한다.

$$q = C_P \Delta T = m \cdot c \cdot \Delta T$$

이 식에서 C_P는 물질의 열용량을, m은 질량을, c는 비열을 의미한다.

실험 과정

준비물: 염화암모늄(ammonium nitrate, NH_4NO_3), 염화칼슘(calcium chloride, $CaCl_2$), 소금(sodium chloride, NaCl), 아세트산나트륨(sodium acetate, $NaCH_3COO$), 염화암모늄(ammonium chloride, NH_4Cl), 스티로폼 컵, 온도계, 젓개, 혹은 자석 젓개

스티로폼 컵에 물 20 mL(부피를 정확하게 측정)를 넣고 초기 온도를 측정한 후에 위의 화합물을 넣고 잘 섞이게 저어준 후에 온도 변화를 측정한다. 막대 젓개로 인한 온도 변화를 보정하기 위하여 동일한 양의 물을 넣고 화합물을 녹이기 위하여 젓개를 젓은 정도만큼 같은 정도로 젓은 후에 온도 변화를 측정한다. 약 15초 정도의 간격으로 온도 변화를 측정하고 이들 가운데 가장 낮은 온도나 높은 온도를 기록한다.

염화암모늄		염화칼슘		소금		아세트산나트륨		염화암모늄	
시간(초)	온도(℃)	시간(초)	온도(℃)	시간(초)	온도(℃)	시간(초)	온도(℃)	시간(초)	온도(℃)

계산

염화암모늄 (ammonium nitrate, NH_4NO_3)	온도 상승 ______________	℃
	온도 강하 ______________	℃
염화칼슘 (calcium chloride, $CaCl_2$)	온도 상승 ______________	℃
	온도 강하 ______________	℃
소금 (sodium chloride, NaCl)	온도 상승 ______________	℃
	온도 강하 ______________	℃
아세트산나트륨 (sodium acetate, $NaCH_3COO$)	온도 상승 ______________	℃
	온도 강하 ______________	℃
염화암모늄 (ammonium chloride, NH_4Cl)	온도 상승 ______________	℃
	온도 강하 ______________	℃

1) 각 수용액이 만들어 질 때에 균형반응식을 완성하시오.

염화암모늄	
염화칼슘	
소금	
아세트산나트륨	
염화암모늄	

2) 각 실험에서의 온도 변화를 계산한 후에 몰 엔탈피를 계산하시오. 이때 1 Cal = 4.184 J로 하고 엔탈피의 값을 "kJ/mol"로 표시하시오.

중점 논의

1) 어떤 물질이 가장 핫 팩과 콜드 팩으로 적당하겠는가?

2) 용액이 만들어지는 경우 이외에 액체가 결정 상태로 바뀌면서 열 출입에 변화가 생기는 경우가 있다. 이러한 현상이 있는 물질에는 어떤 것이 있으며 핫 팩과 콜드 팩 어떤 용도로 사용 되는가?

3) 재사용 할 수 있는 팩은 어떤 성질을 가지고 있어야 하는가?

4) 오래 여러번 사용하려면 어떤 성질을 고려하여야 하는가?

5) 스티로폼 컵 열량계의 열용량을 고려하면 실험에서 얻은 값은 어떤 보정을 해야 하는가?

돌턴의 부분압 측정
(Dalton's law of partial pressure)

목적

이 실험은 서로 반응하지 않는 기체가 섞여있을 때, 혼합 기체의 압력은 각 성분 기체가 독립적으로 존재할 때 가지는 압력의 합으로 나타난다는 돌턴의 법칙을 실험하고자 한다.

이론

혼합 기체의 압력을 나타내는 돌턴의 법칙은 다음과 같다.

$$P_{total} = P_1 + P_2 + P_3 + \dots + P_n = \sum_{i=1}^{N} P_i$$

P_{total}은 혼합 기체를 가지고 있는 용기의 압력이고 P_i는 혼합 기체를 이루고 있는 각 성분들의 압력을 나타낸다. 실험에서는 염소산칼륨($KClO_3$)에 열이 가해지면 KCl과 O_2로 분해되는데 이때 발생하는 산소의 양을 시험관을 사용하여 부피를 측정하여 돌턴의 법칙을 증명하고자 한다. 이 실험에서 반응을 촉진시키기 위하여 촉매로 MnO_2를 더하면 반응을 빠르게 진행시킬 수 있다. 염소산칼륨이외에도 Ag_2O, BaO_2 등의 화합물도 열분해로 산소를 발생시킬 수 있다.

실험 과정

준비물: 분젠 버너, 염소산칼륨(potassium chlorate, $KClO_3$), 이산화망가니즈

(MnO_2), 뷰렛이나 기체 부피 측정 장치, 온도계, 스탠드와 클램프, 고무마개, 호스

주의: 염소산칼륨은 강력한 산화제이므로 사용 후 시료가 들어 있는 병의 마개를 잘 닫아놓아야 하며 또한 종이나, 고무마개, 혹은 옷에 닫지 않도록 주의한다.

1) 발생하는 산소의 양을 다음의 식으로 계산 할 수 있는데 기체부피 측정 장치의 용량을 고려하여서 필요한 염소산칼륨의 양을 대략 계산하여 이 보다 작은 질량의 염소산칼륨을 사용하도록 한다. 대략 1 그램의 염소산칼륨은 300 mL 정도의 기체를 발생한다.

$$2KClO_3 \rightarrow 2KCl(s) + 3O_2(g)$$

발생한 산소의 정확한 부피는 기체 부피 측정 장치에서 물이 없어진 양으로 얻을 수 있다. 염소산칼륨이 들어있는 시험관의 질량을 가열 전과 가열 후 (완전히 식은 것을 확인한 후에 시험관을 다룬다는 것을 명심하시오)에 각각 측정하여 그 차이로부터 산소의 몰 수 값을 구한다.

2) 이 실험 장치로 얻어지는 기체에는 반응에서 발생한 산소뿐만 아니라 필수적으로 물의 증기와 혼합이 된다. 따라서 측정한 기체의 총 압력은 산소와 수분의 증기압을 더한 값이 된다. 따라서 이론에서 설명한 식은 다음과 같이 변형 시킬 수 있다.

$$P_{total} = P_{산소} + P_{물}$$

따라서 산소의 양을 알기 위해서는 물의 증기압의 성분을 제거하여야한다. 물의 증기압 데이터는 계산 페이지에서 알 수 있다.

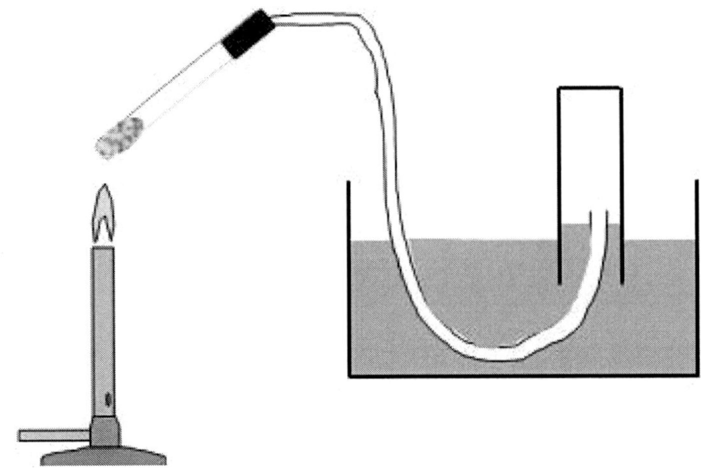

계산

다음을 계산한다.

1) 발생한 산소의 몰 수를 계산한다. 이 때 물의 증기압 성분을 고려하여야 하므로 온도 변화에 따른 물 증기압데이터를 사용하여야 한다. 다음의 표는 물의 증기압을 온도에 대하여 나타낸 것이다. 섭씨 100도에서는 760 mmHg가 되고 섭씨 50도 이후에는 급격하게 증가하며 따라서 증기압의 변화는 온도에 대하여 직선의 관계가 있지 않다.

온도 (섭씨)	증기압 (mmHg)	온도 (섭씨)	증기압 (mmHg)
5	6.5	18	15.5
6	7.0	19	16.5
7	7.5	20	17.5
8	8.0	21	18.7
9	8.6	22	19.8
10	9.2	23	21.1
11	9.8	24	22.4
12	10.5	25	23.8
13	11.2	26	25.2
14	12.0	27	26.7
15	12.8	28	28.3
16	13.6	29	30.0
17	14.6	30	31.8

2) 반응한 염소산칼륨의 몰 수

3) 산소의 몰 수와 염소산칼륨의 몰 수의 비를 구하고 화학반응식과 비교한다.

중점 논의

1) 실험에서 측정한 부피로부터 기체 상태 방정식을 사용하면 이 부피에 존재하는 기체 분자의 양을 알 수 있다.

$$n = \frac{PV}{RT}$$

위 식에서 V는 부피이고, T는 절대온도, R은 기체 상수이다. 이 경우 압력을 기압의 단위로 쓰고 R의 값은 0.082056 L · atm/mol · K로 사용하면 부피가 리터로 쉽게 구해진다. 분자의 양을 구하고 실험에서 사용된 염소산칼륨의 질량과 비교하여 차이가 나면 이 차이는 어디에서 발생하는지 설명하시오. 또한 이 차이가 수분의 증기압을 고려하면 어떻게 될 것인지 서술하시오.

2) 촉매로 이산화망간(MnO_2)를 사용하지 않을 경우 염소산칼륨($KClO_3$)이 완전히 열분해 되지 않을 수 있다. 이때 열분해로 발생하는 고체 화합물은 $KClO_2$ (potassium chlorite)이나 KClO(potassium hypochlorite) 일 수 있는 가능성이 있는데 이 들 반응의 반응식을 쓰시오.

3) 압력의 단위는 여러 가지가 있는데 섭씨 20도에서 총 기체의 압력이 120 KPa이라면 발생한 기체의 압력은 mmHg로 얼마가 되는가?

4) 섭씨 20도에서 발생한 기체의 부피가 0.5 리터가 되었고 총 기체의 압력이 90 KPa이라면 산소의 분압은 얼마인가?

5) 압력의 단위는 여러 가지가 있는데 기체 상수 R의 값은 각각 어떻게 변화하는가?

기체의 단열 팽창에서의 온도 변화
(cooling on adiabatic expansion of gases)

목적

기체의 단열 팽창 과정을 통하여 기체의 몰 열용량(또는 몰 비열), 즉 압력이 일정할 때 열용량 C_P와 부피가 일정할 때의 열용량 C_V를 측정하고자 한다. 이 값은 기체의 분자 구조와 관련이 있는데 여러 종류의 기체를 사용하여 이들을 측정하고 기체의 분자 운동이 비열에 미치는 영향을 알아보고자 한다.

이론

이상기체에서 두 열용량 C_P와 C_V는 "$C_P = C_V + R$"의 관계가 있다. C_P와 C_V의 비를 $\gamma(= C_P/C_V)$로 표시한다. γ는 계가 팽창 할 때에 할 수 있는 일의 크기에 관련이 된다.

기체에 있어서 비열은 주어진 열을 어떻게 여러 가지 다양한 형태의 운동 에너지로 분배하느냐하는 성질로 생각할 수 있다. 이를 자유도(degree of freedom)이라고 표현하며 n개의 원자로 이루어진 분자의 경우 $3n$의 자유도를 가지며 이중 3개의 병진 운동(translational motion), 2개(선형 분자) 혹은 3개의(비선형 분자) 회전운동(rotational motion)을, 그 나머지는 진동 운동(vibrational motion)이다. 실온에서는 진동운동으로 인한 공헌(contribution)은 무시하여도 된다. 에너지의 균등분배 법칙(equipartition of energy)에 따라 각 운동 방식은 $kT/2$(k는 볼쯔만 상수, Boltzmann constant, T는 절대온도)의 값을 가진다. 따라서 단원자 기체의 경우 $C_V = 3R/2$이다.

다음 연결된 두 과정 1) 가역 단열 팽창($P_1, V_1, T_1 \rightarrow P_2, V_2, T_2$)과 2) 온도 회복 과정($P_2, V_2, T_2 \rightarrow P_3, V_2, T_1$)을 생각해 보자. 처음 과정은 단열이므로 $dU=dW=-PdV$ 이고 따라서 $C_V dT=-PdV$의 관계가 있다. 이로부터 첫 번째 과정에서는 다음과 같은 잘 알려진 관계식이 된다.

$$\ln\frac{P_1}{P_2}=\left(\frac{C_P}{C_V}\right)\ln\frac{V_2}{V_1}$$

두 번째 과정에서는 온도가 회복되는 과정이므로

$$\frac{V_2}{V_1}=\frac{P_1}{P_3} \Rightarrow \ln\frac{P_1}{P_2}=\left(\frac{C_P}{C_V}\right)\ln\frac{P_1}{P_3}$$

$$\left(\frac{C_P}{C_V}\right)=\gamma=\frac{\ln P_1-\ln P_2}{\ln P_1-\ln P_3}$$

실험에서는 장치의 그림에서 보듯이 기체는 처음에 높은 압력의 실린더 가스통에 있으며 팽창하여 대기압 P_2보다 높은 압력 P_1에 있게 된다. 첫 번째 과정인 가역 단열 과정은 왼쪽 가운데 클램프를 열고 닫는 작동이고 이 과정에서 열의 교환이 무시될 수 있다는 가정에서 온도의 강하가 있다. 두 번째 과정은 카보이에 있는 기체가 원래 주위의 온도 T_1 으로 돌아오기를 기다리는 과정이다. 이 때 주위로 부터의 열 출입으로 인하여 압력이 P_3로 변한다. 압력 P_1과 P_3는 압력계로 측정을 한다.

실험 과정

준비물: 질소(N_2), 아르곤(Ar), 이산화탄소(CO_2) 가스, 고무 튜브, 클램프, 압력계, 스탠드, 온도계(혹은 thermocouple 온도계). 가스통을 사용한다면 가스통이 탄탄하게 벽이나 고정판에 고정되어 있는지를 확인 한 후에 사용한다.

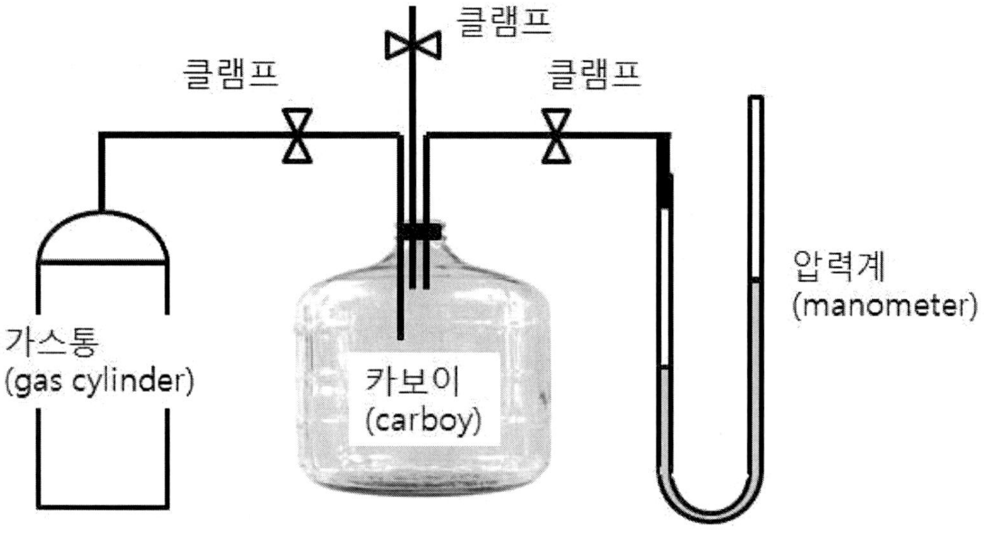

1) 왼쪽 클램프를 제외한 모든 클램프를 열고 압력계의 눈금을 1기압과 평형이 되게 맞춘다.

2) 왼쪽 클램프를 열고 가스통의 가스로 카보이에 있던 가스를 충분히 바꾼다. 카보이 부피의 약 5-6배의 가스가 15분 정도 흐르게 가스통 밸브를 조절한다.

3) 가운데 클램프를 닫고 천천히 왼쪽 클램프를 열어서 카보이의 압력이 가스

통의 가스를 사용하여 약 1.3 기압이 되도록 한다. 이 후 주위와 평형이 되어 온도가 변하지 않는 시간까지 기다린다. 이 후 정확한 압력 P_1을 측정한다.

4) 카보이의 클램프를 완전히 제거한 후 곧바로 클램프를 다시 잠근다. 기체가 팽창한 후(클램프를 열은 경우) 다시 클램프를 잠그면 팽창으로 인한 온도 강하가 다시 상온으로 회복되면서 압력이 증가하다. 이 과정에 있는 온도와 압력(P_3)의 변화를 기록한다.

5) 위의 실험을 여러 번 반복하여 γ의 값이 통계적으로 의미를 가지게 한다. 이때는 다시 가스통의 가스로 카보이에 있던 가스로 바꾸는 (2)번 과정을 반복할 필요는 없다.

계산

1) 압력과 온도의 변화 값과 이론 편의 마지막 식을 사용하여 γ의 값을 구한다.

2) 다른 가스를 사용하여 얻은 데이터로 γ의 값을 구한다.

중점 논의

1) 이상기체로 가정하면 C_P는 "$C_P = C_V + R$"의 식으로 구할 수 있다. 이론으로 기대되는 γ의 값과 통계적 에러 범위 안에서 정확한가? 만일 그렇지 않다면 다른 값이 측정되는 이유를 기술하시오.

2) "equipartition principle"을 사용하면 각기 독립된 운동 형태는 $RT/2$ 의 값을 가진다. 구해진 값을 이론값과 일치시키려면 회전과 진동 운동 어떤 값을 더 하여야하는가?

3) 측정한 γ 의 값으로 기체의 구조를 예상한다면 어떤 이론을 사용하여야 하는가?

순수한 액체의 증기압 측정과 기화 엔탈피
(Vapor Pressure Measurement of a Pure Liquid and Enthalpy of Vaporization)

목적

이 실험에서는 순수한 액체를 가지고 여러 온도에서 증기압(vapor pressure)를 측정한다. 이 값을 가지고 "Clausius-Clapeyron 식(equation)"을 사용하여 기화 엔탈피(enthalpy of vaporization)를 계산한다.

이론

액체에서 어떤 분자들은 서로의 인력을 극복할 수 있는 정도의 운동에너지를 가지고 있고 따라서 이 분자들은 액체 상태에서 기체 상태로 된다. 이 기체의 압력을 증기압이라고 하며 증기압은 온도가 높으면 기체로 변환되는 분자의 수가 증가하므로 증기압이 증가한다. 이 증기압이 외부의 압력과 같으면 액체는 끓는 현상이 일어나다.

하나의 성분으로 이루어진 계에서, 상평형이 이루어졌을 때 이때에는 Gibbs 에너지가 두 상에서 동일하여야하므로 이때의 온도와 압력의 변화와 Gibbs 에너지의 관계는 아래의 Clapeyron 식으로 구한다. 크기성질(extensive property)인 함수가 몰 량에 따라서 변화는 값을 분률(partial molar quantity) 이라고 부르며 이 가운데 Gibbs 에너지가 몰 량에 따라서 변하는 것은 열역학에서 중요한 의미가 있어서 이를 "화학 퍼텐셜 chemical potential"이라고 부른다. Clausius 식을 사용하면 상이 변형되는 여러 상황에 따라서 화학 퍼텐셜이 어떻게 변화하는 지를 다르게 표현할 수 있는데 이 변형식을 "Clausius-Clapeyron 식" 이라고 부른다.

"A"와 "B" 두 상이 평형 상태에 있다면 화학 퍼텐셜은 다음과 같다.

$$d\mu_A = -S_A dT + V_A dP = d\mu_B = -S_B dT + V_B dP$$

$$\frac{dP}{dT} = \frac{S_B - S_A}{V_B - V_A} = \frac{\Delta S}{\Delta V} = \frac{\Delta H}{T\Delta V} = \frac{\Delta H_{vap}}{T(V_{vapor} - V_{liquid})}$$

위 식에서 V와 S는 분몰 부피와 분물 엔트로피를 나타낸다. 또한 ΔH_{vap} 는 기화 엔탈피이고 V_{vap} 와 V_{liquid} 는 기체와 액체의 부피를 나타낸다. 두 번째 식은 다음 과정을 이용한 것이다.

$$\Delta G = \Delta H - T\Delta S = 0$$

$$\Delta S = \frac{\Delta H}{T}$$

Clapeyron 식은 일반식이고 따라서 하나의 성분을 가진 어떤 상에도 적용할 수 있다. 기체와 액체가 상평형을 이루는 경우 이 식에서 기체의 부피는 액체에 비하여 매우 큰 값이므로 $\Delta V \approx V_{vapor}$ 로 가정할 수 있다. 기화 엔탈피 값이 온도 변화에 무관하고 기체를 이상기체로 가정하면 "$V_{vapor} = RT/P$"이고 이를 위식에 대입하면 다음과 같이 변형이 되며 이를 "Clausius-Clapeyron 식"이라고 부른다.

$$\frac{d\ln P}{dT} = \frac{\Delta H_{vap}}{RT^2} \Rightarrow d\ln P = \frac{\Delta H_{vap}}{R}\frac{dT}{T^2}$$

엔탈피가 주어진 영역의 온도나 압력에 무관하다면 위 식은 다음과 같이 간단히 할 수 있다.

$$d\ln P = -\frac{\Delta H_{vap}}{R} d\left(\frac{1}{T}\right) \Rightarrow \ln p_2 - \ln p_1 = \frac{\Delta H_{vap}}{R}\left(\frac{1}{T_1} - \frac{1}{T_2}\right)$$

따라서 여러 온도에서 기체의 증기압을 측정하면 위의 식에서 기화 엔탈피 값을 구할 수 있다. 예를 들면 빙상 스케이트를 사용할 때 얼음에 가해지는 압력을 구하고자한다. 몸무게가 70 kg인 스케이트 선수가 너비가 3 밀리(3 mm), 길이가 20 센티미터(20 cm)인 스케이트를 사용한다고 할 때 얼음에 가해지는 압력은 약 11기압이다. 얼음의 용융 엔탈피는 6.03 kJ mol^{-1}, 얼음과 물의 밀도는 각각 0.917 g/cm^3과 1.000 g/cm^3이라고 할 때 얼음에 가해지는 압력과 Clausius-Clapeyron 식을 사용하여 스케이트를 사용할 때 얼음이 녹는점을 구하면 약 272.92가 된다. 따라서 이 물과 얼음의 경우 압력에 의한 녹는점 변화는 거의 없다.

실험에서는 측정한 데이터를 "lnP"와 "1/T"의 형태로 직선의 식에 대입을 하거나 다음의 식을 사용하여 "fitting"을 하기도 한다. 이때 "a,b,c"는 상수이며 이를 "Antoine 식"이라고 부르기도 하면 상수 "c"는 결과가 "Clausius-Clapeyron 식"에서 얼마나 벗어나는지를 보여준다.

$$\log_{10}\left(\frac{p}{p^0}\right) = a - \frac{b}{T+c}$$

실험 과정

준비물: 수은 압력계, isoteniscope, 온도계, 얼음, 메탄올, 에탄올

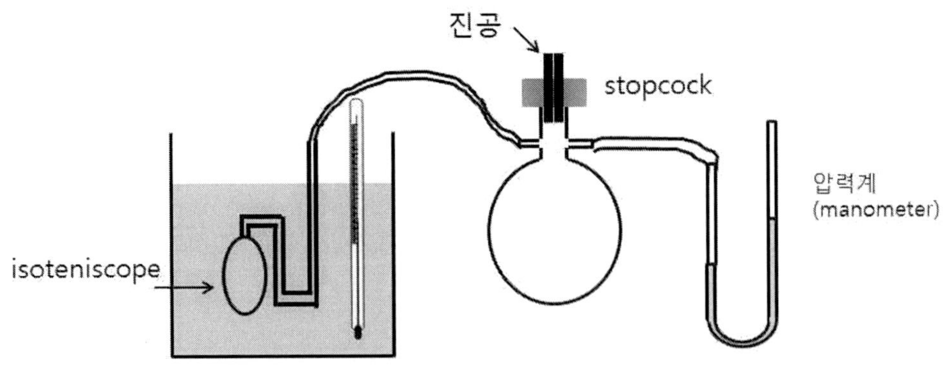

1) 이 실험에서는 수은 압력계와 증기의 압력을 측정하는 기구인 isoteniscope를 사용한다. 이 기구의 원리는 isoteniscope에 연결된 "U"자 모양의 튜브에 수평 위치가 동일하면 isoteniscope에 있는 액체의 증기압과 또 다른 쪽의 압력이 동일하다는 원리를 이용한 것이고 후자의 압력은 압력계를 이용하여 측정할 수 있다.

2) isoteniscope가 들어갈 용기를 물과 얼음 거의 동일한 부피로 채운다.

3) isoteniscope에 측정 용액을 3/4 정도 채우고 이에 연결 할 "U"자 튜브에도 반 정도 높이로 채운다. 완료가 되면 실험 장치를 위와 같이 마련한다.

4) stopcock을 열고 진공과 연결하여 isoteniscope와 "U"자 튜브 사이의 기체를 제거한다.

5) "U"자 튜브의 액체 수위를 동일하도록 조심스럽게 조정한다. 이 때 isoteniscope에 공기가 들어가지 않도록 조심한다.

6) 용기의 온도를 5도 올리고 온도와 압력을 측정한다.

7) 6번의 실험을 압력을 더 이상 측정할 수 없을 때까지 계속한다.

부피(리터)	온도(K)	공기압력(torr)	액체압력(torr)	ln P	1/T

계산

1) 측정한 압력의 자연 로그를 온도의 역수에 대해 그래프를 그린 후 다음 식을 이용하여 기울기와 세로축과 만나는 점을 구한다. 아래 식은 "Antoine Equation"이라고 부르기도 하며 직선에서 벗어나는 값으로부터 "Clausius-Clapeyron 식"과 얼마나 벗어나는지를 계산 할 수 있다.

$$\log_{10}(\frac{p}{p^0}) = a - \frac{b}{T+c}$$

2) 이를 "Clausius-Clapeyron 식"과 비교하여 기화 엔탈피의 값 값을 구한다.

3) 이 실험값은 "Clausius-Clapeyron 식"을 얻는데 필요한 가정 때문에 다르게 나온다. 기체의 압축 인자(compressibility factor)를 고려하여 실험식을 보정한다.

4) 그래프로부터 기체의 끓는점을 유추하고 문헌의 값과 비교한다.

중점 논의

1) 수은 압력계를 사용할 때 calibration을 위해서는 어떤 보정을 하여야하는가? 만일 다음과 같이 보정한다면 이 이유는 무엇인가?

$$p = p_m(1 - 1.8 \times 10^{-4} T)$$

2) 직선의 기울기를 프로그램을 사용하여 얻어서 값을 보정하면 어떤 결과를 얻는가?

3) 대부분의 액체는 압력과 온도의 그래프에서 이론은 온도가 증가하면 기화 엔탈피 값이 감소하는 경향을 보이는데 이를 설명하시오.

4) 사용된 액체는 "Trouton's rule"을 따르는가?

5) 여러 온도와 압력의 실험 데이터에서 2개의 점만을 사용할 경우에는 "Clausius-Clapeyron 식"은 다음과 같이 쓸 수 있다. 이 식을 사용하여 실험데이터를 설명하려면 어떤 가정이 필요한가?

$$\ln p_2 - \ln p_1 = \frac{\Delta H_{\text{vap}}}{R}\left(\frac{1}{T_1} - \frac{1}{T_2}\right)$$

점도계를 이용한 점도 측정
(viscosity measurements using Ostwald viscometer)

목적

점도는 주어진 온도에서 액체가 흐르는 과정에서 받는 저항을 뜻하는데 분자의 크기나 모양, 분자간 인력등 여러 가지 원인으로 값이 결정되며 유체의 성질을 결정하는 중요한 값이다. 만일 윤활유로 사용되는 액체가 점도가 낮다면 관을 통해서는 잘 흐르지만 부품의 면이 마찰될 때 마모를 줄이는 효과는 적을 것이며 점도가 높은 경우는 기기의 움직임을 방해하여 효율이 떨어질 수 있다. 유체가 흐르는 조건에 따라 점도가 변하는 유체를 "Non-Newtonian fluid"이라고 하고 변하지 않을 때에는 "Newtonian fluid"라고 부른다. 전자의 경우 유체의 점도는 유량계(rheometer)라고 하는 장치를 사용하고 후자는 점도계(viscometer)를 사용한다. 이러한 액체의 점도는 온도에 따라 다른 값을 가진다. 유체 성질을 구분하는 기본 성질 중하나인 점도를 측정하여 액체를 사용하는 실험에 대비하고자한다.

이론

점도는 역학점도(dynamic viscosity)또는 절대점도(absolute viscosity) 라고도 부르는 수치와 동점도(kinematic viscosity)라는 것이 있다. 점성도는 관을 통한 유체의 흐름이나 유체 내의 어떤 물체의 움직임을 통하여 얻는데, 동점도는 유체의 흐름에 대한 저항을 중력의 영향 아래에 있을 때의 점성도를 측정한 값이고 절대점도는 외부의 조절 가능한 특정한 압력의 영향에 있는 경우에 얻은 값이다. 동점도는 단위는 "Stokes, St" 혹은 이 값의 10분의 1일인 cSt를 사용하고 절대점도는 포이즈(P, poise)혹은 이 값의 10분의 1일인 센티포이즈(cP)를 쓴다. 이들 두 단위의 관계는 절대점도의 값을 유체의 밀도(density)로 나눈 값이 동점도 값이다.

점도의 측정은 보통 모세관점도계(capillary viscometer)를 사용하는데 이 기기는 주어진 액체가 모세관을 얼마나 빨리 지나가는 가를 측정하는 장치이다. 이는 포아즈이유 법칙(Poiseuille's law)에 기반을 두는데 이 식은 다음과 같다.

$$\frac{V}{t} = \frac{\pi r^4}{8\eta}\frac{p_1 - p_2}{L}$$

V는 점도 측정을 위한 액체의 부피이고 이 액체는 반지름 "r"인 관을 시간 "t" 동안 지나가게 된다. "v"는 점도이고 "p"는 압력, "L"은 관의 길이를 나타낸다. 점도는 손쉽게는 "Ostwlad"나 "Cannon-Fenske" 점도계를 사용하여 측정하는데 이들은 정해진 부피의 액체가 관을 따라 흐르는 시간을 측정한다. 이를 유출시간(efflux time)이라고 하며 이 시간으로 점도를 계산한다. 점도는 온도에 비례하여 변하므로 온도를 일정하게 하고 측정 하여야한다. 간단한 점도계로는 "Ostwald"와 "Cannon-Fenske" 점도계가 있다. 이러한 점도계를 사용할 경우 값을 알고 있는 액체를 사용하여 기기를 검증하여 사용하여야한다. 실험에서는 세척이 쉬운 설탕 용액을 사용하여 점도계의 사용법을 익히고자한다.

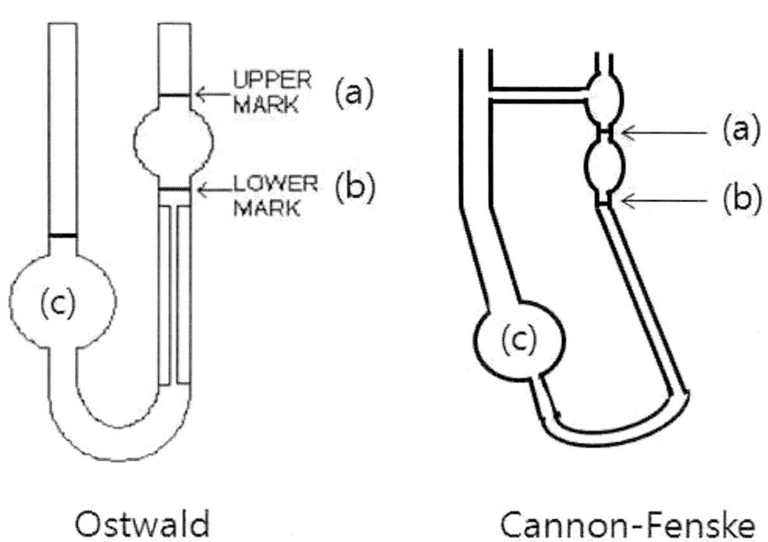

그림에 있는 Ostwald 점도계는 액체가 표시된 두 선을 지나는 시간을 측정하여 점도의 값을 얻는다. 이 때 측정한 점도 값은 중력의 영향 아래에 있을 때의 점성도를 측정한 값이므로 동점도이며 이는 절대점도와 다음의 관계가 있고 유체가 "Newtonian"인 경우 아래 식으로 절대점도 값을 구할 수 있다. 실험에서 사용 할 설탕 용액은 이에 해당한다.

$$\text{동점도} = \frac{\text{절대점도}}{\text{밀도}}$$

Ostwald 점도계는 검증된 유체를 사용하여 얻은 상수 값이 주어지는데 만일 주어지지 않는다면 정확한 점도 값을 알고 있는 물과 액체를 사용하여 기기를 검증하여 사용하여야한다. 따라서 실험에서는 다음 식을 사용하여 용액의 점도를 구한다. 아래 식에서 "η"는 점도, "ρ"는 밀도, "t"는 표시된 두 선을 지나는데 걸린 시간을 나타내고 "s"와 "w"을 설탕용액과 물을 표시한다.

$$t = C\frac{\eta}{\rho},\ C = \text{상수} \Rightarrow \eta_s = \eta_w \frac{t_s \rho_s}{t_w \rho_w}$$

온도가 높아지면 점도는 작아지는데 점도와 온도와의 관계는 보통 "A"와 "B" 두 상수를 가지는 아레니우스 식 형태로 나타낸다. "T"는 절대온도 값이다. 따라서 점도의 로그 값을 온도의 역수와 그래프를 그리면 접점은 "lnA"이고 기울기는 "B"의 값을 가지는 직선이 된다.

$$\eta_t = Ae^{B/T}$$

실험과정

준비물: Ostwald 혹은 "Cannon-Fenske" 점도계, 설탕(혹은 글리세린 용액), 증류

수, 비커, 온도계, 중탕냄비, 초시계

점도계는 깨지기 쉬우므로 취급에 주의하여 다치지 않도록 한다. 점도계 사용 전에 기기가 깨끗한지를 확인하고 그렇지 않을 경우 세척 용액(chromic acid)으로 씻고 증류수로 헹군 후에 말려서 사용한다.

1) 무게 비율로 20%가 되게 100mL의 물에 설탕을 녹인다. (25그램 설탕)

2) 점도계를 클램프를 사용하여 수직이 되게 세운다. 정확한 수직은 올바른 값을 구하는데 중요하다. 이를 물이 든 비커에 잠기게 하여 온도가 상온이 되게 한다. 비커의 물 온도를 기록한다.

3) 피펫을 사용하여 증류수를 점도계의 "c" 쪽으로 표시된 선 바로 위 부분만큼 채우고 온도가 비커의 온도와 동일하게 될 정도까지 기다린다.

4) 피펫을 이용하거나 증류수를 점도계의 "a" 쪽으로 표시된 부분 위 부분만큼 채우고 물이 위와 아래 표시된 선을 지나는 시간을 측정한다. 이 과정을 적어도 2번 더 반복하여 기록한다.

5) 점도계를 분리하여 물을 다 제거한 후에 설탕물 용액을 이용하여 위의 2-4과정을 반복한다.

6) 온도를 올려서 섭씨 30, 35, 40, 45, 50도에서 이 과정을 반복한다.

7) 이 과정에서 비중계를 사용하여 각 온도에서 설탕물 용액의 비중을 측정, 기록한다.

8) 실험이 끝난 후에는 증류수로 점도계를 세척한다.

계산

1) 각 설탕용액에 대하여 측정한 시간으로부터 절대점도, 동점도 값을 구한다.

2) 온도에 대한 변화 데이터로부터 "ln(점도)"와 "1/온도"의 그래프로 온도에 대한 변화 식을 완성하기 위한 두 개의 상수 값을 구한다.

온도 (℃)	15	20	25	30
밀도 (kg/m^3)	999	998	997	996
점도 (cP, mPa · s)	1.136	1.002	0.890	0.797

중점 논의

1) 반복 측정한 데이터로부터 발견되는 측정 오차는 어떻게 처리하여야하는가?

2) 최소제곱 회귀직선(least square regression)을 사용하여 온도와 점도 변화 데이터를 처리하고 신뢰구간, R^2, 잔차그림(residual plots)을 사용하여 아레니우스 식 형태를 사용하여 온도와 점도의 관계를 나타내는 방법이 적당한지에 대해서 설명하시오.

대체 연료: 바이오 연료 만들기
(Alternative Fuels: Manufacturing of Bio-fuels)

목적

바이오 연료란 "biomass"라고 부르는 식물이나 식물을 사용하여 만들어진 물질을 열처리, 화학적 처리나 생화학적 처리를 하여 연료를 만드는 과정을 말한다. 가장 쉬운 예로 곡물을 발효 시켜서 에탄올을 얻는 과정을 들 수 있다. 이 실험에서는 대체 연료를 만들어서 자동차 연료로서 사용 하고자 할 때 중요한 성질인 점도를 측정하고 봄베 열량계(bomb calorimeter)를 사용하여 대체 연료와 일반 상업용 로부터 얻을 수 있는 에너지의 양을 비교하여 대체 연료가 실제 사용되기 위하여서 개선할 점을 고려해보고자 한다.

이론

대체 연료에 대한 관심은 석유에 대한 안정적 공급이나 가격 변동성과 같은 불안정한 요인들이 심하여지는 최근 매우 관심을 받고 있는 분야이다. 석유 연료를 대치하거나 보조 역할을 할 수 있는 연료를 얻는 방법으로서 주변에서 폐기물이나 경제적 가치가 없다고 여겨지던 물질들로부터 유용하게 사용할 수 있는 물질을 얻는 방법이 있다면 파급 효과는 매우 클 것이다. 예로서 생화학적으로 쉽게 얻을 수 있는 에탄올이나 다른 용도로 사용한 동 식물성 기름으로부터 탄소의 수가 8개 이상인 바이오 디젤(bio-diesel) 연료를 들 수 있다. 에탄올을 연료로 사용할 경우 기존의 보통 기종의 휘발유와 혼합을 하는데 이 혼합비에 따라서 명명을 한다. 따라서 "E10"이나 "E85"라고 쓰면 에탄올이 각각 10퍼센트, 85퍼센트라는 의미이다.

이 실험에서는 대체 연료의 만들어 보고 기존 연료의 장단점을 알아보고자 한다. 대체 연료를 만들었다면 이 연료가 가지는 물리적 성질(점도, 발화점, …), 가지고 있는 열량, 제작에 필요한 에너지, 환경적 영향 등 여러 가지를 고려하여야 한다. 또한 상업적으로 사용하려면 국가에서 정한 기준을 충족시켜야하며 미국의 경우 이 기준은 American Society for Testing and Materials(ASTM)에서 정한다.

우선 연료로서의 역할을 만족시키려면 점도와 에너지 함량이 중요하다. 특히 점도(viscosity)는 액체의 점도는 온도에 큰 영향을 받는 물리적 성질인데 연료가 연료통에서 관을 통하여 엔진에 잘 도달하고 엔진 내부에서 분사기를 통해서 분사가 잘 이루어져야 연료로서 역할을 할 수 있기 때문이다. 에너지 함량 또한 주어진 연료를 사용하여 얼마나 먼 거리를 갈 수 있는지를 결정하므로 경제성을 구분하는 매우 중요한 성질이다. 이 실험에서는 다음과 같은 세 가지의 연료를 사용하여 연료로서 적합성을 결정해 보고자 한다.

E85

E85 연료는 에탄올 85%와 가솔린 15%를 혼합한 연료이다. 에탄올은 보통 옥수수를 발효시켜서 얻거나 설탕(sucrose)성분이 들어있는 식물을 발효시켜서 얻는다. 효소를 사용하여 얻는 에탄올은 그 농도가 20%를 넘지 않는데 이유는 높은 농도의 에탄올 용액에서는 효소가 역할을 못하기 때문이다. 우선 에탄올 수용액으로부터 물을 제거하여야 자동차에 사용할 때 부식 등 여러 문제가 해결되므로 순수한 에탄올을 추출한 후에 휘발유를 혼합하여 연료를 만든다. 특히 식용식물을 발효시켜 에탄올을 얻는 방법은 식량문제와 직결될 뿐 아니라 이를 재배하는데 들어가는 에너지와 이를 가공하여 얻은 에탄올 사이의 에너지 차이가 작다는데 문제점이 있을 수 있다. 또한 우리가 이미 경험하였듯이 에탄올 제조를 위한 식용 작물의 수요 증가는 이들 작물의 가격이 높아지는 부작용이 있으며 이는 이러한 작물을 식량으로 의존하는 나라에 미치는 경제적 효과뿐만 아니라

이를 재배하기 위하여 필요한 비료나 이 작물을 사료로 사용하거나 가공하여 만들어진 제품의 가격에 영향이 매우 심각하다고 할 수 있다. 또한 에탄올은 밀도와 간단한 화학 결합으로 인하여 휘발유에 비하여 가지고 있는 에너지의 량이 떨어진다는 점도 고려하여야한다. 따라서 에탄올을 얻는 주재료를 식용으로 사용하는 옥수수 대신 식용이 불가능하다고 분류되는 "cellulose"로부터 얻는 방법이나 에탄올에서 효과적으로 수분을 제거하는 방법 등등 경제적으로 고려해야할 여러 측면이 있다.

바이오 디젤(bio-diesel)

디젤연료는 연료 효율(연비)이나 엔진 출력 등이 우수하여 대형 트럭이나 상업용 엔진에 주로 사용되고 있고 최근에는 승용차에도 많이 적용이 이루어지고 있다. 휘발유와 디젤엔진의 차이는 휘발유 엔진은 연료가 압축 된 후 스파크 플러그(spark plug)를 사용하여 점화를 시키느냐 순수한 압축으로 인한 폭발이냐 하는 점이 가장 큰 차이이다. 따라서 전형적인 휘발유 엔진의 압축비가 9:1인데 비하여 디젤엔진은 이 수치보다 2배 이상 크게 되어 발화점이 높아져서 휘발유보다 탄소의 수가 많은 분자들을 사용할 수 있고(탄소의 수가 8개에서 24개인 탄화수소들) 이는 단위 부피당 얻을 수 있는 에너지의 양이 늘어난다는 장점이 있다. 탄소의 수가 많은 탄화수소를 얻는 방법으로 바이오 디젤은 원료로는 흔히 식당에서 사용하고 처리해야할 폐식용유를 많이 사용한다.

식용유에 성분인 지방은 지방산과 글리세롤의 에스테르(ester) 결합으로 이루어진 트리글리세리드(triglyceride)라고 부르는 물질이다. 이때의 지방산은 탄소의 수소가 18개 이상인 긴 탄화수소이다. 이 에스테르 결합을 메탄올이나 에탄올 같은 간단한 알코올을 사용하여 끊으면 3개의 탄소 수 가 큰 지방산의 에스테르를 얻는다. 이러한 과정을 "transesterification"이라고 부른다. 다음 그림은 간단한 알코올로 메탄올을 사용하여 이 과정을 간단하게 설명하고 있다.

$$NaOH + H_3C\text{—}OH \longrightarrow H_3C\text{—}O^- Na^+ + H_2O$$

$$\text{triglyceride} + 3H_3C\text{—}O^- Na^+ \longrightarrow 3\,R\text{-}O\text{-}C(=O)CH_3 + \text{glycerol}$$

트리글리세리드
(triglyceride, 지방)

지방산의 에스테르
(esters of fatty acids)
(바이오 디젤)

글리세롤
(glycerol)

식용유의 지방은 긴 알킬기(R_1, R_2와 R_3)를 가지고 있고 이를 분해하여서 얻은 에스테르는 "RCOOH"의 일반적 분자식을 가진 지방산과 간단한 알코올의 에스테르(메틸 혹은 에틸 에스테르)가 된다. 이를 바이오 디젤로 사용한다. 예를 들어 콩으로 만든 식용유에는 알킬기가 탄소수 15개(palmitic), 17개(stearic), 18개(oleic), 18개(linoleic), 18개(linolenic)를 가진 트리글리세리드의 혼합물이다. 위에서 설명한 분해과정을 통하여 얻어진 에스테르는 점도가 낮고(lower viscosity) 녹는점 또한 낮아서 액체 상태로 있게 된다. 이 과정에서 사용하는 메탄올은 휘발성이 매우 크고 인체에 독성이 있어서 취급에 주의하여야하며 에탄올은 식용유 분해반응을 완전하게 이루기 어렵다는 단점이 있다. 또한 자원을 재활용한다는 점에서 매력적인 면이 있지만 원료가 되는 폐식용유의 양이 바이오 디젤의 대량생산에 있어서 병목현상(bottleneck)을 가져올 수 있다.

따라서 생산된 바이오 디젤은 에탄올의 경우와 같이 기존의 연료와, 이 경우는 디젤, 혼합하여 사용한다. 또 다른 변형은 식물성 기름을 점도만 낮추어서 "transesterification" 과정을 생략하고 직접 사용하는 방법이 있다. 이 방법의 장점은 공정이 간단해지고 따라서 변환과정에서 사용되는 에너지를 절약할 수 있어서 순수하게 얻을 수 있는 에너지 량이 감소하지 않는다는 점이다. 물론 점도가 낮아졌다고 하여도 다른 연료에 비하여 높은 값을 가지므로 엔진의 변형이 필요하다. 예를 들어서 초기에는 순수한 디젤을 사용하다가 예열이 충분히 이루어진 후에 이 열을 이용하여 식물성 기름 탱크의 온도를 높여서 점도를 낮추는 방법도 한 가지 해결책이 될 수 있다. 기준에 의하면 연료로 사용하고자 할 때에는 디젤 연료의 점도는 초기에는 15 cSt(centi-Stoke)이하이고 온도가 섭씨 40도 정도일 경우 그 값이 5 cSt 이하여야 한다(점도 정의와 단위는 아래 참조).

점도

점도는 액체가 흐르는 과정에서 받는 저항을 뜻한다. 점도는 역학점도(dynamic viscosity)또는 절대점도(absolute viscosity) 라고도 부르는 수치와 동점도(kinematic viscosity)라는 것이 있다. 동점도는 점도를 유체의 밀도(density)로 나눈 값이고 단위는 "Stokes, St" 혹은 이 값의 10분의 1일인 cSt를 사용한다. 점도의 측정은 보통 모세관 점도계(capillary viscometer)를 사용하는데 이 기기는 주어진 액체가 모세관을 얼마나 빨리 지나가는 가를 측정하는 장치이다. 이는 포아즈이유 법칙(Poiseuille's law)에 기반을 두는데 이 식은 다음과 같다.

$$\frac{V}{t}=\frac{\pi r^4}{8v}\frac{p_1-p_2}{L}$$

V는 점도 측정을 위한 액체의 부피이고 이 액체는 반지름 "r"인 관을 시간 "t" 동안 지나가게 된다. "v"는 점도이고 "p"는 압력, "L"은 관의 길이를 나타낸다. 점도는 손쉽게는 "Ostwlad"나 "Cannon-Fenske" 점도계를 사용하여 측정하는데 이들은 정해진 부피의 액체가 관을 따라 흐르는 시간을 측정한다. 이를 유출시간(efflux time)이라고 하며 이 시간으로 점도를 계산한다. 점도는 온도에 비례하여 변하므로 온도를 일정하게 하고 측정 하여야한다.

점도와 온도와의 관계는 보통 "A"와 "B" 두 상수를 가지는 아레니우스 식 형태로 나타낸다. "T"는 절대온도 값이다. 따라서 점도의 로그 값을 온도의 역수와 그래프를 그리면 접점은 "lnA"이고 기울기는 "B"의 값을 가지는 직선이 된다. 참조로 등유, 휘발유, 에탄올의 값을 아래의 표에 적어 놓았다.

$$\eta_t = Ae^{B/T}$$

연료	분자량	밀도 (kg/L)	상수 A	상수 B
등유 (kerosene)	165	0.817	6.44	0.0191
휘발유 (gasoline)	114	0.737	3.51	0.0135
에탄올	46	0.789	5.69	0.0177

실험과정

준비물: 비커, 삼각 플라스크, 가열판(hot plate), 자석교반기(magnetci stirrer), 사발분쇄기(mortar, pestle), 분별 깔때기, 원심분리기, 시험관, 저울, 식용유(폐식용유), 휘발유, 에탄올, NaOH

이번 실험에서 사용하는 시료들은 매우 휘발성이 큰 물질이므로 화재의 위험에 주의하며 특히 화상을 입지 않도록 조심한다. 또한 실험 전에 소화기와 화재시 취할 행동을 잘 숙지하고 실험에 임하여야 한다.

E85 제조

에탄올과 휘발유를 부피 비율로 85%와 15% 취하여 섞어서 E85를 만든다.

바이오 디젤 제조

1) 폐식용유(혹은 식용유) 100mL를 250mL 자석교반기가 들어있는 삼각 플라스크에 넣는다. 플라스크를 가열판에 올려놓고 온도가 약 55도가 되게 가열한다.

2) 자석교반기가 들어있는 다른 삼각플라스크에 메탄올을 필요한 양보다 약 30% 정도 과잉으로 계산하여 붓는다. 메탄올과 식용유는 몰 비로 3:1이 필요하므로 필요한 양의 1.3배를 준비한다.

3) NaOH를 사발분쇄기어 넣고 가루를 만든 후에 약 1그램을 메탄올 용액에 넣고 다 녹을 때까지 자석교반기를 사용하여 섞는다. 섞이는 시간은 NaOH의 가루가 작을수록 짧다. 이 메탄올 용액은 가열하지 않으므로 온도 조절 다이얼이 영에 있도록 주의한다.

4) NaOH가 다 녹은 경우는 메탄올로부터 메톡사이드(CH_3CO^-)가 만들어 졌으며 이 용액에 폐식용유를 붓고 가열하지 않은 채 자석교반기를 사용하여 섞는다.

5) 반응이 끝난 후에 용액을 분별 깔때기를 사용하여 몇 개의 시험관에 나눈다. 원심분리기를 사용하여 반응으로 생성된 글리세롤과 바이오 디젤을 분리한다.

6) 분리 후에 시험관 윗부분 용액을 비커에 모은다. 아랫부분은 반고체의 성질이므로 쉽게 분리할 수 있다.

점도 측정

점도 측정은 적어도 실온을 포함한 두 개의 다른 온도에서 값을 얻어서 온도 변화에 대한 상수 값을 얻도록 한다. 점도 측정 방법은 "점도계를 이용한 점도 측정" 실험법을 참조한다.

계산

에탄올 혼합 연료와 바이오 디젤 연료의 점도 값을 온도에 대하여 그래프를 그린다.

중점 논의

1) 연료를 생산함에 있어서 물리적 성질이 적합한지, 생산 비용 등의 경제적 요인들을 우선 결정해야하지만 또한 환경에 미치는 영향을 고려하여야한다. 생산과 분배, 사용에 있어서 고려해야할 경제적 요인들은 어떤 것들이 있겠는가?

2) 적절한 점도를 유지하려면 어떤 혼합이 필요한가?

3) 상업용으로 바이오 디젤을 제조할 때 메탄올을 과량 사용하는데 반응 후 이를 안전하게 회수 할 수 있는 방법은 어떤 것이 있는가?

4) 화석 연료를 사용할 때 산화질소 화합물이 만들어 지는데 이 반응의 메카니즘은 무엇인가?

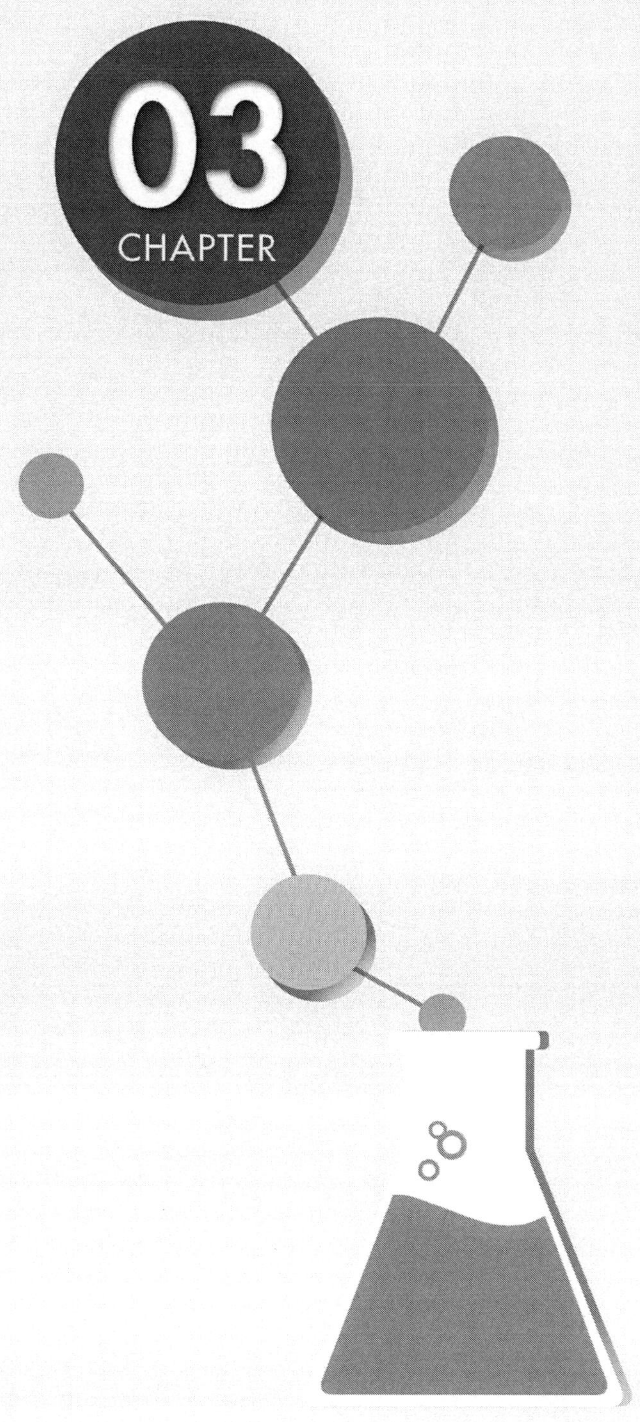

부 록

물리화학실험

3.1 농도 표시법

농도는 물질의 거시적인 성질로서 용액을 이루는 용매와 용질의 관계를 나타내는 것으로 어떤 용매에 얼마의 용질이 녹아있는가를 나타내는 수치이다. 이 때 용액(solution)은 하나의 상(phase)를 이루는 두 개 이상의 물질로 이루어진 혼합물을 뜻하며 용매(solvent)는 용액 속에 가장 많이 존재하는 하나의 성분으로 그 이외 소량으로 존재하는 물질(들)을 용질(solute)이라고 부른다. 특별한 경우에는 정량적으로는 묽은(진한) 용액이나(불)포화 용액이라고 부르는 경우도 있지만 그 나머지는 아래의 경우와 같이 숫자를 사용한다.

종류	기호	정의
중량 퍼센트 농도 (by mass)	%(w/w)	$\frac{\text{용질의 질량}}{\text{용액의 질량}} \times 100$
용량 퍼센트 농도 (by volume)	%(v/v)	$\frac{\text{용질의 부피}(mL)}{100mL\,\text{용액}} \times 100$
그램 퍼센트 농도 (by mass-volume)	%(w/v)	$\frac{\text{용질의 질량}(g)}{100mL\,\text{용액}} \times 100$
몰농도 (molarity)	M	$\frac{\text{용질의 몰 수}}{\text{용액의 부피(리터)}}$
몰랄농도 (molality)	b, 혹은 m	$\frac{\text{용질의 몰 수}}{\text{용매의 질량}(kg)}$
노르말 농도 (normality)	N	몰농도$(M)\times$ 원자가(당량수)
몰 분율 (mole fraction)	XA	$\frac{moles\ of\ A}{\sum_{x=A,B,C,,} moles\ of\ x}$
Parts per million (고체)	ppm	$\frac{\text{용질의 질량}}{\text{용액의 질량}} \times 10^6$ or $\frac{\text{용질의 질량}(mg)}{\text{용액의 질량}(Kg)}$
Parts per million (액체)	ppm	$\frac{\text{용질의 질량}}{\text{용액의 부피}} \times 10^6$ or $\frac{\text{용질의 질량}(mg)}{\text{용액의 부피}(L)}$

3.2 단위 표시

물질의 물리적 성질은 숫자와 그 다음에 나오는 단위(unit)으로 표시한다. SI(불어 Le Système international d'unités의 약자)로 표시하는 국제 표준 단위(International System of Units)에는 기본단위로 아래와 같이 7개를 정의하고 이로부터 여러 가지 유도단의(derived units)를 얻는다. 그러나 유도단위가 복잡한 경우에는 역사적으로 유명한 인물의 이름이나 이름의 첫 글자를 흔히 사용한다. 예를 들어서 힘(force)의 경우에, 힘은 질량과 가속도의 곱으로 구할 수 있고 가속도는 속도의 시간에 대한 변화이므로 이를 기본 단위로 표시하면 kg m s^{-2} 가 된다. 이는 쓰기에 불편하므로 이를 간단히 하여서 newton, N이라고 표시하는 것이다. 이와 같은 유도 단위에는 압력(Pa, pascal, bar, atm), 에너지(J, joule), power를 나타내는 동력(watt, W) 등 여러 가지가 있다.

물리적 량	단위	약자
질량	kilogram	kg
길이	meter	m
온도	Kelvin	K
물질의 량	mole	mol
시간	second	s
전류의 량	ampere	A
밝기	candela	cd

또한 실험에서 사용되는 물리적 량은 매우 큰 범위의 숫자들을 포함하는 경우가 대부분이어서 이를 간단하게 나타내고자 숫자는 지수의 형태를 사용하고 이들은 때로 아래와 같이 약자로 표시하기도 한다.

deca	da	10^{1}	deci	d	10^{-1}
hecto	h	10^{2}	centi	c	10^{-2}
kilo	k	10^{3}	milli	M	10^{-3}
mega	M	10^{6}	micro	m	10^{-6}
giga	G	10^{9}	nano	n	10^{-9}
tera	T	10^{12}	pico	p	10^{-12}
peta	P	10^{15}	femto	f	10^{-15}
exa	E	10^{18}	atto	a	10^{-18}
zetta	Z	10^{21}	zepto	z	10^{-21}
yotta	Y	10^{24}	yocto	y	10^{-24}

3.3 오차론

1. 오차의 정의

어떤 물리량을 측정할 때 측정값과 참값의 차이를 오차(error)라 정의한다.

2. 오차의 종류

오차는 크게 계통오차, 과실오차, 우연오차 등 세 가지로 분류할 수 있다.

2.1. 계통오차(systematic error)

측정값에 체계적으로 영향을 미치는 오차로 계통오차라 한다. 계통오차는 오차의 정도를 추정할 수 있으므로 충분히 보정할 수 있다. 측정기기의 불완전성 때문에 생기는 계기오차, 측정할 때 온도, 압력 등 주위 환경의 영향 때문에 생기는 환경오차, 개인의 습관 등에 기인하는 개인오차 등이 있다.

2.2. 과실오차(erratic error)

실험자가 계기의 눈금을 잘 못 읽는 등 부주의 때문에 생기는 오차로 실험 시 필히 제거해야 하는 오차이다.

2.3 우연오차(random error)

측정 시 실험자가 주의해도 피할 수 없는 불규칙적이고 우연적인 원인에 의해 생기는 오차이다. 우연오차는 보정할 수는 없으나 평균값을 사용하는 등 통계 처리를 하연 작게 할 수 있다.

3. 측정값과 유효숫자

측정계기의 정확도에 따라 측정값의 정확도가 달라지므로 측정값이 어느 정도의 정확성를 가지느냐를 유효숫자로 나타낸다. 예를 들어 어느 측정값이 0.0085라면 8과 5는 유효숫자이고 0은 단순히 자리수를 나타낸다. 이를 0.85×10^{-2} 또는 8.5×10^{-3}로 나타내어 유효숫자가 8과 5임을 나타낸다. 큰 숫자의 경우, 예를 들어 측정값이 6000 일 경우 6은 유효숫자라는 것을 알 수 있으나 0이 유효숫자인지는 분명하지 않으므로 유효숫자가 두 자리이면 6.0×10^2 로 표기하여 유효숫자의 개수를 나타내 준다.

3.1 측정값의 덧셈과 뺄셈

측정값의 덧셈과 뺄셈에서는 유효숫자의 끝자리 중 가장 높은 자리를 기준으로 유효숫자를 맞춘다.

예) $514.2 + 14.25 = 528.45 \Rightarrow 528.5$

예) $4.15 \times 10^3 - 1.6 \times 10^2 = (4.15 - 0.16) \times 10^3 = 3.99 \times 10^3 \Rightarrow 4.0 \times 10^3$

3.2 측정값의 곱셈과 나눗셈

측정값의 곱셈과 나눗셈에서는 유효숫자의 개수가 적은 쪽에 맞추어 계산한다.

예) $3.2356 \times 2.35 = 7.60336 \Rightarrow 7.60$ (유효숫자 3개)

예) $7.464 \div 3.1 = 2.40774 \Rightarrow 2.4$ (유효숫자 2개)

4. 측정값과 오차의 처리

우연오차 때문에 매번 다른 측정값들을 얻게 되고 이들은 어떤 분포를 이루게 된다. 측정값들의 분포 특성을 나타내기 위해 측정값을 대표할 수 있는 값과 분포 정도를 나타내는 척도가 필요하다.

4.1 측정값을 대표할 수 있는 수치

최빈값(mode): 측정값을 나열하였을 때 빈도가 가장 많은 측정값이다.

중앙값(median): 모든 측정값 중 중앙에 위치한 측정값이다.

평균값(mean): 측정값의 산술평균으로 가장 많이 사용한다.

평균값의 정의

어떤 물리량을 N번 측정하여 얻은 측정값들이 $x_{1,} x_{2,} x_{3,} \cdots, x_N$ 라 하면 평균 $\overline{x}$ 는

$$\overline{x} = \frac{1}{N}(x_1 + x_2 + \cdots + x_N) = \frac{1}{N}\sum_{i=1}^{N} x_i$$

로 정의한다. 경우에 따라 구간을 설정하여 측정할 때는 $x_{1,} x_{2,} x_{3,} \cdots, x_N$ 에 대한 빈도 $f_{1,} f_{2,} f_{3,} \cdots, f_N$ 의 형태로 자료를 얻을 수도 있다. 이때의 평균값 $\overline{x}$ 는

$$\overline{x} = \sum_{i=1}^{N} x_i f_i / \sum_{i=1}^{N} x_i$$

로 계산한다.

4.2. 측정값의 분포를 나타내는 방법

편차 d_i는 측정값과 평균값과의 차이 $d_i = x_i - \overline{x}$ 로 정의되며 평균하면 0이 된다($\frac{1}{N}\sum_{i=1}^{N} d_i = 0$). 이 때문에 편차의 절대값의 평균을 구하여 사용하고 이를 평균편차라 한다. 그러나 통계적으로 더 중요한 의미를 갖는 편차로 표준편차(standard deviation)가 있다. 표준편차 σ는 다음과 같이 정의한다.

$$\sigma = \left\{ \frac{1}{N-1} \sum_{i=1}^{N} (x_i - \bar{x})^2 \right\}^{1/2}$$

표준편차의 제곱 σ^2을 분산(variance)이라 부른다.

한 물리량을 1회에 N번씩 여러 차례 측정을 하면 매회 얻어지는 측정값의 평균값과 표준편차는 일반적으로 달라진다. 이때 평균값의 표준편차를 표준오차라 부르며 σ_m으로 쓰고 표준편차 σ와의 관계는 아래와 같다.

$$\sigma_m = \frac{\sigma}{\sqrt{N}} = \left\{ \frac{1}{N(N-1)} \sum_{i=1}^{N} (x_i - \bar{x})^2 \right\}^{1/2}$$

따라서 측정값을 평균값과 표준 오차로 다음과 같이 나타낼 수 있다.

$$x = \bar{x} \pm \sigma_m$$

이와 같이 나타낼 때, 측정값이 가우스(Gauss) 분포를 따를 경우 참값이 $\bar{x} - \sigma_m$와 $\bar{x} + \sigma_m$ 사이에 있을 확률이 약 68%라는 것을 뜻한다.

측정값을 나타내는 다른 방법의 하나로 확률 오차 σ_p를 사용하는 경우가 있다. σ_p는 참값이 $\bar{x} - \sigma_m$와 $\bar{x} + \sigma_m$ 사이에 있을 확률이 50%인 범위의 값을 나타낸다. 확률오차 σ_p와 표준오차 σ_m의 관계는 $\sigma_p = 0.6745\sigma_m$ 이므로 측정결과로 보고할 측정값은 다음과 같이 나타낸다.

$$x = \bar{x} \pm \sigma_p = \bar{x} \pm 0.6745\,\sigma_m$$

5. 오차의 전파

어느 물리량 z가 다른 여러 물리량 $a, b, c, \cdots$ 를 측정한 값으로부터 $z = f(a, b, c, \cdots)$의 관계로부터 간접적으로 얻어지는 경우가 있다. 이때 $a, b, c, \cdots$ 의 측정값에서 평균값 $\bar{a}, \bar{b}, \bar{c}, \cdots$ 와 표준편차 $\sigma_a, \sigma_b, \sigma_c, \cdots$ 를 얻었다고 하자. 그러면 z의 평균값 $\bar{z}$는 $\bar{z} = f(\bar{a}, \bar{b}, \bar{c}, \cdots)$ 로부터 구할 수 있고 z의 표준편차 σ_z (분산 σ_z^2)는 아래의 식으로 구할 수 있다.

$$\sigma_z^2 = \left(\frac{\partial f}{\partial a}\right)_0^2 \sigma_a^2 + \left(\frac{\partial f}{\partial b}\right)_0^2 \sigma_b^2 + \left(\frac{\partial f}{\partial c}\right)_0^2 \sigma_c^2 + \cdots$$

여기서

$$\left(\frac{\partial f}{\partial a}\right)_0, \left(\frac{\partial f}{\partial b}\right)_0, \left(\frac{\partial f}{\partial c}\right)_0 \cdots$$

는 평균값 $\bar{a}, \bar{b}, \bar{c}, \cdots$ 에서 계산한 편도함수 값을 뜻한다. 이를 오차의 전파라고 한다.

6. 최소제곱법(least square method)

6.1 물리량이 하나인 경우

어떤 물리량을 N번 측정하여 얻은 측정값들이 $x_1, x_2, x_3, \cdots, x_N$ 라 할 때 측정값의 대푯값을 추정하는 방법 중의 하나가 대푯값과 측정값들의 편차의 제곱의 합이 최소가 되도록 하는 것이다. 이때의 대푯값을 최확값(most probable value)이라고 한다. 최확값을 X라 하면 편차의 제곱의 합은

$$(\delta y)^2 = \sum_{i=1}^{N} (x_i - X)^2$$

이므로 편차를 최소화하는 X를 구하는 식은

$$\frac{d}{dX}\sum_{i=1}^{N} (x_i - X)^2 = 0$$

과 같다. 이를 풀면

$$X = \frac{1}{N}\sum_{i=1}^{N} x_i$$

이 되어 최확값은 측정값의 평균값과 일치한다.

6.2 두 물리량의 상관관계가 선형으로 추정될 경우

물리량 x 를 변화시키며 다른 물리량 y를 측정하는 경우가 있다. 즉, 측정 변수 $x_1, x_2, x_3, \cdots, x_N$ 에 대해 $y_1, y_2, y_3, \cdots, y_N$ 의 값을 얻었다 하자. x_i, y_i 의 관계가 $y_i = A + Bx_i$와 같이 1차식으로 나타낼 수 있다고 추정되면, A 와 B 의 값을 구하는 데도 최소제곱법을 쓸 수 있다. 이 때 편차의 제곱 $(\delta y)^2 = \sum_{i=1}^{N} (y_i - (A + Bx_i))^2$ 이 최소가 되는 A, B 를 찾으면 되고 이를 수식으로 나타내면 $\frac{\partial}{\partial A}(\delta y)^2 = 0$와 $\frac{\partial}{\partial B}(\delta y)^2 = 0$ 이다.

두 조건식을 풀어 A와 B를 다음과 같이 측정값 x_i, y_i로 나타낼 수 있다.

$$A = \frac{\left(\sum_{i=1}^{N} x_i^2\right)\left(\sum_{i=1}^{N} y_i\right) - \left(\sum_{i=1}^{N} x_i\right)\left(\sum_{i=1}^{N} x_i y_i\right)}{N\left(\sum_{i=1}^{N} x_i^2\right) - \left(\sum_{i=1}^{N} x_i\right)^2}$$

$$B = \frac{N\left(\sum_{i=1}^{N} x_i y_i\right) - \left(\sum_{i=1}^{N} x_i\right)\left(\sum_{i=1}^{N} y_i\right)}{N\left(\sum_{i=1}^{N} x_i^2\right) - \left(\sum_{i=1}^{N} x_i\right)^2}$$

3.4 Bruker NMR기기 사용법

NMR은 nuclear magnetic resonance의 약자로서 주로 유기물의 분자 구조 분석이나 정량적 분석, 분자의 운동성에 관한 연구에 주로 사용된다. NMR에 쓰이는 파장의 영역은 전자기파 가운데 매우 낮은 에너지 영역에 속한다. NMR은 강력한 외부 자기장의 영향으로 분자내부 핵이 가지는 스핀의 방향이 정렬되었다가 전자기파를 흡수하면 바뀌게 되는데 이것이 원래의 방향으로 회귀할 때 이를 전기적 신호로 바꾸어서 스펙트럼을 얻는다. 외부자기장은 크기의 단위로 T(테슬라, tesla)를 사용하는데 1 테슬라는 1만 가우스(1 T = 10,000 G)이고 참고로 지구의 자기장은 0.3 G 정도이다. 외부 자기장의 크기는 보통 9.4 T 이상의 기기를 분석용으로 사용한다. 복잡한 분자에 존재하는 원자들은 서로 처해 있는 화학적 환경의 차이가 있으며 이는 원자주변의 전자들이 핵이 느끼는 자기장을 변화시켜서 이것이 스펙트럼에서는 차이로 나타난다. 이를 사용하면 간단한 조작으로 복잡한 고분자 화합물이나 단백질의 분자구조나 정량분석과 고체 시료의 구조 분석에도 사용된다. 원자가 속한 환경에 따라 독특하게 변하는 흡수하고 다시 전파하는 주파수를 ppm단위로 표시하여 spectrum이라는 데이터를 얻는다. NMR 스펙트럼은 좌표인 화학적 이동 값으로부터 독특한 환경에 있는 원소의 종류와 그것들이 어떤 종류인지, 몇 개의 수소가 그 피크에 관여하는지, 또 피크가 갈라지는 현상으로부터 주위에 몇 개가 존재하는지에 대한 정보를 알 수 있다.

NMR 스펙트럼의 축은 피크의 크기는 피크에 관여하는 원자의 개수에 비례하며 축의 숫자는 "ppm"의 단위로 기준이 되는 화합물에 비교하여 흡수되는 전자기파의 주파수가 얼마나 떨어져있는지를 나타내는 것이다. 기준이 되는 물질로는 시료가 유기용매에 녹는지 수용성인지 아닌지에 따라서 TMS(tetramethyl silane)이나 TPS(3-trimethylsilyl propane 1-sulfonic acid)을 사용한다. 이 "ppm" 단위를 사용하면 외부 자기장에 따른 주파수 변화를 나타낼 때 항상 일정한 값을 가지게 되므로 서로 다른 기기를 사용하더라도 정보 교환에 문제가 없게 된다. 보통 수소 원자의 경우 이 값은 0에서 12 ppm사이의 값을 가지지만 중요한 정보 대부분은 1과 8 ppm 사이에 집중되어 있다, 탄소 원자의 경우 이 수치는 0에서 250 ppm 사이의 값을 가진다. 따라서 원하는 원소의 종류에 따라 축의 ppm 수치는 매우 다양한 값을 가지게 된다.

3.4.1 시료 준비

1. NMR 시료를 넣는 지름 5 mm의 tube는 깨끗하고 마른 상태이어야 한다.

2. 용매는 가능한 가장 높은 순도의 시약을 사용한다.

3. Sample을 용매에 녹인 후에는 필터를 사용하여 고체 성분이 NMR tube에 없게 하여야한다.

4. NMR실에 마련된 sample depth gauge를 사용하여 시료가 채워진 높이를 조절한다.

5. 시료가 들은 NMR tube를 spinner의 구멍에 끼운 후에 움직임이 없는지를 확인한다. 움직임이 있으면 spinner를 바꾸어서 사용한다. 이후 이물질이 없도록 시료가 든 NMR tube를 잘 닦아준다.

6. NMR magnet bore에 압축 공기가 통하는지를 확인한 후에 spinner를 NMR magnet bore 가운데에 위치시킨다.

7. 기기의 주 메뉴 판에서 lift on/off를 사용하여 spinner를 아래로 내린다.

3.4.2 NMR 데이터 얻기

기기의 주 메뉴 판에서 를 click하여 실험 파라미터를 바꿀 수 있는 화면을 나타나게 한다.

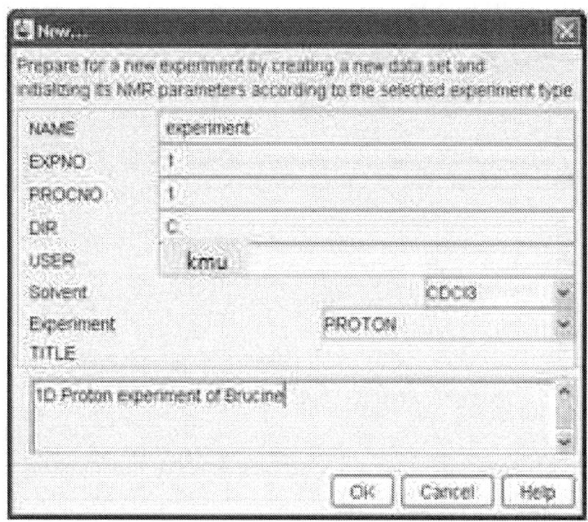

2. 사용한 용매를 선택하고 실험은 PROTON으로 설정한고 OK를 누른다.

3. 를 클릭하여 "Lock" 화면이 나오게 한 후 를 선택하여 용매 메뉴에서 사용한 것과 일치하게 $CDCl_3$를 선택한다.

4. probe를 tune한다.

5. shim을 한다. 이는 시료에 작용하는 자기장을 균일하게 하는 작업이다.

6. "Lock" 화면에서 return 버튼을 눌러서 "Lock" 화면을 사라지게 한다.

7. 기기의 주 메뉴 판에서 “AcquPars”를 클릭하여 선택한다. 를 선택하여 “prosol” 변수를 읽어들인다.

8. 기기의 주 메뉴 판에서 “spectrometer”, “Adjustment”와 “Auto-adjust receiver gain”을 순서대로 선택한다.

9. 를 선택하여 데이터를 얻는다.

3.4.3 NMR 데이터 처리하기

1. “phase” 메뉴를 선택하여 피크가 대칭이 되게 만든다.

2. 기기의 주 메뉴 판에서 “processing”과 “baseline correction”을 순서대로 선택한다.

3. “baseline correction”의 메뉴에서 “auto-correct baseline using polynomial”의 옵션을 선택한 후 “OK”를 누른다. 모든 피크가 보이도록 스펙트럼 너비를 조종한 후 (적분 메뉴)를 선택하여 정량적 정보를 얻도록 준비한다.

4. 적분 메뉴에서 를 선택하여 모든 영역을 선택한 후 다시 를 선택하여 선택한 부분이 없게 한다. 이는 초기화 과정이다.

5. 적분 메뉴에서 를 선택하여 커서를 피크의 왼쪽에 위치시킨 후 마우스의 왼쪽 버튼을 클릭을 하고 다시 커서를 피크의 오른쪽에 위치시킨 후 마우스의 왼쪽 버튼을 클릭을 하여 적분 할 영역을 표시한다. 이를 적분 값을 얻고

자하는 모든 피크에 적용한다.

6. 를 선택하여 값을 저장한다.

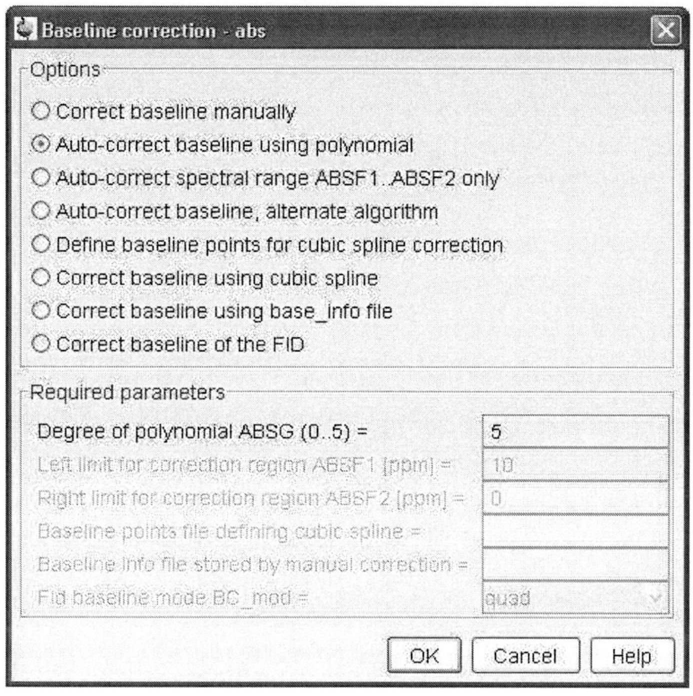

3.5 FT-IR(Fourier tranform infrared) spectrometer 사용법

1. 목 적

FT-IR을 이용하여 미지의 시료와 benzoic acid를 분석하는 방법을 이해한다.

2. 원 리

2-1. FT-IR의 원리

IR은 two-beam interferometer인 마이켈슨 간섭계의 원리를 이용한다. 즉, 한쪽의 거울을 움직이면서 측정한 빛의 세기를 거리에 대하여 Fourier 변환을 하게 되면, 주파수(파장의 역수)에 대한 빛의 세기 분포인 spectrum을 얻게 된다. 기존의 회절격자를 이용한 적외선 기기는 슬릿 및 회절격자에 의하여 결정된 작은 주파수 영역의 빛만을 측정하게 되므로, 감지기(detector)의 신호가 매우 작아 높은 분해능과 신호 대 잡음비를 기대하기 어렵다.

이에 비해, FT-IR은 전체 파장영역의 빛을 동시에 측정하고 이를 푸리에 변환시켜 전 파장 영역에 대한 정보를 얻기 때문에 높은 신호 대 잡음비를 얻을 수 있다. 또한 분해능은 거울의 이동거리에 의해 결정되어, 이것을 늘리면 분해능을 현격히 높일 수 있다. 따라서 FT-IR은 우수한 광원이나 감지기가 개발되어 있지 않은 적외선 및 원적외선 영역에서 그 진가를 발휘하게 된다.

1) 분자가 일으킬 수 있는 진동운동의 진동방식(vibration mode)

① 신축진동(stretching vibration) 방식 : 두 원자 사이의 결합 축에 따라 원자간의 거리가 계속하여 변화하는 운동이다. 즉, 원자들 사이의 결합길이

가 길어졌다 짧아졌다 하는 진동방식으로써 중심이 되는 원자를 원점으로 하였을 때 진동의 형태는 대칭과 비대칭 진동이 있다.

② 굽힘진동(bending vibration) 방식 : 두 결합 사이의 각도가 변하는 진동이다. 즉, 원자들 사이에 이루고 있는 결합각이 변하는 방식으로, 가위질 진동(scissoring), 좌우 흔듦 진동(rocking), 앞뒤 흔듦 진동(wagging), 꼬임 진동(twisting)으로 구분된다.

※ 진동의 형태 : 2원자 또는 3원자로 구성된 간단한 분자의 경우에는 진동의 성질과 진동수를 쉽게 알 수 있고, 흡수에너지에 관련시키기도 쉽지만 다원자 분자의 경우에는 진동하는 중심원자가 여러 개 있을 뿐만 아니라 중심원자 간에 상호용이 일어나고, 그것을 고려해야 하므로, 이와 같은 해석은 불가능하지는 않지만 매우 복잡하다. 세 개 이상의 원자를 포함하는 분자의 경우에는 위의 모든 진동상태가 일어날 수 있다. 다원자의 경우 진동 운동의 숫자는 분자의 형태가 선형이가 비선형인가에 따라서 "3N-5" 혹은 "3N-6"로 계산할 수 있다.

2) 진동운동을 일으키기 위해서는 결합의 종류 및 세기, 그리고 결합을 하고 있는 원자의 종류에 따라 고유한 진동 주파수에 해당하는 빛 에너지를 흡수해야 한다.

3) 분자에 IR를 쬐어주면 이들이 진동을 일으키는 데 필요한 주파수의 빛을 흡수하여 이 에너지에 대응하는 특성적인 적외선 스펙트럼을 나타내게 된다.

4) 이 적외선 스펙트럼을 분자구조와 관련지어 해석하면 분자구조에 대한 정보를 얻을 수 있다.

2-2. FT-IR의 기기적 구성 및 작동원리

가. 작동 메커니즘

만족한 인터페로 그램(그리고 만족한 스펙트럼)을 얻는 데에는 움직이는 거울의 속도가 비교적 일정하고, 그것의 위치가 어느 순간에서나 정확하게 알려지는 것이 중요하다. 또한 거울의 평면성은 10 cm 또는 그 이상을 이동하는 동안에도 완전히 일정하게 유지되어야 한다. 파장이 ㎛ 범위인 원 적외선 영역에서 파장의 몇 분량에 해당하는 거울의 변위와 그 위치는 전동기로 작동하는 마이크로미터 눈금이 되어 있는 나사로 정확하게 측정된다. 중간 및 근 적외선 영역에서는 더 정밀하고 정교한 메커니즘이 필요하다. 여기에서 거울 설치장치는 일반적으로 꼭 들어맞는 스테인리스스틸 관내에 있는 공기 쿠션에 떠 있다. 그 장치는 확성기의 소리 코일과 비슷한 전자식 코일에 의하여 움직이게 된다. 코일에 전류가 서서히 증가하면 일정한 속도로 거울은 움직이게 된다.

거울이 일단 목적 위치에 도달하게 되면 거울은 전류의 빠른 발전에 의해 출발점으로 빠르게 되돌아가서 다시 새로운 주사를 시작한다. 움직이는 길이는 2~20 cm까지 변하며, 주사속도는 0.05~4 cm/s 범위이다. 적외선 영역에서 성공적으로 작동하려면 거울 시스템에 두 개의 특징이 또 있어야 한다. 첫째는 정밀한 지연간격에서 인터페로 그램을 취재하는 것이며, 둘째는 신호 평균화를 하는데 정확한 영-지연점을 측정하는 것이다. 만약 이 점을 정확하게 알지 못하면 반복주사에서 얻은 신호의 위상이 정확하게 일치하지 않게 된다. 그리하여 신호 평균화는 신호를 향상시키기보다는 오히려 퇴화시키게 된다.

나. Interferometer(간섭계)

Interferometer의 이동성 거울은 거울이 움직이는 방법에 따라 분류가 가능하며, 각각 다음과 같은 특징을 나타낸다.

① Rapid-scanning interferometer

Rapid-scanning interferometers는 각 영역의 파수가 audio-frequency 영역으로 변조될 수 있을 정도로 거울의 이동속도가 빠르기 때문에 적외선 분광학의 응용성을 크게 향상시켰다. 그러나 interferogram을 얻는 방법에 의해 몇 가지 제한점이 파생되기도 한다. 즉, 한번 시료를 측정하기 위해선 moving mirror가 특정한 자리까지 1회 이동해야 하며, 이 시간동안 시료는 일정한 상태를 유지해야 한다. 또한 가장 빠른 scanner가 초당 50회밖에 측정할 수 없기 때문에 이보다 더 빠른 시간에 다른 변화를 보이는 시료의 경우는 측정이 불가능하며, 변조된 IR 신호가 입사파장과 거울속도의 함수이기 때문에 전체측정 영역에 대해서 일정한 상태로 신호 변조가 일어나지 않는다. 이와 같은 단점을 보완하기 위해서 Step-scanning interferometer가 개발되었다.

② Step-scanning interferometer

Moving mirror가 각각의 측정위치로 step-wise 형식으로 이동하는 interfero meter를 말한다.

Moving mirror는 He-Ne laser signal을 reference로 하여 이동축을 따라 step으로 이동하여 각 위치에서 측정시간 동안 정지이동있다. 정지이동있는 동안 그 위치에 상응하는 interferogram point가 얻어지면 moving mirror는 다음 위치로 이동하여 같은 과정을 반복한다. 이 시스템은 IR 빛을 폭 넓게 변조시키며, 신호 변조를 각 파장에 대해서 일정하게 유지하기 때문에 photochemical이나 electrochemical reaction, polymer stretching과 같이 매우 이동반복적이며, 재현성 있는 시료의 측정에 유용하다.

③ Slow-scanning interferometer

변조 주파수가 1 Hz보다 작은 값을 가질 정도로 거울의 이동속도가 느린 시스템을 말한다. Interferogram을 정확히 측정하기 위해서 laser interferometer와 같은 부수 fringe- reference device를 이용하여 이동거울의 위치를 정확히 monitoring 해야 한다. 또한 파수가 작은 영역에서의 noise를 제거하지 않으면 신호를 증폭시키기 힘들기 때문에 mechanical chopper를 이용하여 신호를 변조시키는 과정이 필요하다.

다. 광원

적외선 분광 광도계에서 주로 쓰이는 광선은 Nernst golwer 또는 Globar의 두 가지이다. Nernst golwer는 지르코늄, 토륨 및 세륨과 같은 희토류 금속 산화물에 결합제를 첨가하여 만든 작고 가는 막대이고, Globar는 실리콘 카바이드(Sic)의 가는 막대로서, 이를 약 1000~1800℃ 정도로 가열하면 적외선 영역의 빛이 방출된다. 그밖에 최근에 발전되고 있는 Fourier transform-IR(FT-IR)는 He-Ne laser를 광원으로 사용한다.

라. Beam splitter

Beam splitter는 보통 다음과 같이 세 종류로 분류할 수 있다.

① Quartz나 alkali halide에 film을 입힌 것

② Mylar(polyethylene terephthalate) film

③ Wire

이 중 wire는 크게 만들 수 없어 사용 제한을 받고, Mylar는 효율면에서 제한을 받기 때문에 quartz나 alkali halide 계통이 만들기는 어려워도 효율이 높아 가장 많이 쓰이고 있다.

마. 단색화 장치

적외선 영역의 빛을 파장별로 정확하고 예민하게 분리하기 위한 단색화 장치는 분광기의 심장부라고 할 수 있다. 일반적으로 프리즘 또는 회절발(grating)로 빛을 분산시켜 단색광을 얻는데, 이와 같은 장치를 분산형 단색광기(dispersive mono-chromator)라 한다. 분해능은 회절발이 프리즘보다 비교적 좋은 편이다.

바. 검출계

FT-IR의 경우엔 분산형 IR의 경우와 달리 검출계에 도달하는 infrared radiation과 radiation으로 인해 검출계로부터 발생하는 전기적인 signal과 optical retardation, velocity 등 이들 삼자가 동시에 고려되어야 하며, 검출계에 도달함으로 발생하는 주파수는 검출계의 electronics의 speed와 match 되게끔 선정해야 한다. 한 걸음 더 나아가서 이런 검출계에 도달한 signal을 증폭시키고 그 후 digitization하여 원하는 signal로 얻기 위해서는 충분한 능력을 가진 장치를 갖추어야 한다.

사. 기록계

검출기로부터 측정된 결과는 자동 기록계(recorder)에 의하여 기록된다. 스펙트럼의 가로축은 주파수(v), 파수(㎝-1)또는 파장(λ) 등으로 표시되고, 세로축은 흡광도(A) 또는 %T로 표시된다. 각 흡수 피크의 세기, 즉 흡광도 A는 Beer-Lambert의 법칙에 따라 시료의 농도 c(㏖/1) 및 시료의 두께 b(㎝)에 비례한다. 이것은 다른 분광법과 마찬가지로 적외선 분광법으로 정량을 할 수 있는 기초원리가 된다.

일반적으로 스펙트럼은 4000 cm^{-1}에서 시작하여 낮은 파수로 가면서 일정한 속도로 기록하게 되는데, 이것을 기록(recording) 또는 주사(scanning)라 한다. 또한 최근에는 대부분의 기기가 기록은 물론 기기의 모든 측정조건을 수동적으로 조절하지 않고, 자동적으로 조절하여 작동하는 마이크로프로세서(micro-processor)장치를 가진 것이 상품화되고 있다. 그리고 컴퓨터가 부착된 기기도 시판되고 있는데, 이것은 기기 측정조건뿐만 아니라 얻어진 스펙트럼이나 자료를 기억시키고, 이미 기억장치에 저장된 여러 가지 물질들의 스펙트럼과 비교하여 분석 물질을 확인할 수 있는 등의 여러 가지 기능을 발휘할 수 있다. 그리고 분광기를 오랫동안 사용하면 기기 자체의 오차와 조작 및 측정조건의 불균일성 때문에 스펙트럼의 위치가 원래의 자리로부터 벗어나는 경우가 생기게 된다. 따라서 가끔 흡수피크의 정확한 위치를 보정할 필요가 있다. 일반적으로는 폴리스티렌의 얇은 필름을 사용하여 보정해야 하는데, 이것은 IR의 전 영역에 걸쳐 여러 가지 예민한 피크를 나타내기 때문이다.

2-3. 주요 분석능력

1) 고체, 액체, 기체상태의 유기, 무기 물질의 소량(20 μg) 분석이 가능하다.
2) Michelson 간섭계를 사용하여 고감도(분산형 IR보다 100배)와 분석시간이 아주 짧다(분산형 IR보다 80배).
3) 기기내 파수를 자동적으로 보정할 수 있어서 공제 분광법이나 library search를 가능하게 한다.
4) 일정한 분해능(0.5 cm^{-1})과 Stray Light가 없어서 정량분석에서 정확도(0.01 cm^{-1})가 증가한다.
5) 다양한 분석전 처리 : 고체시료는 KBr disc법, 액체는 Nujol법, neat법으로 측정하며, 기체는 KBr window gas cell을 이용하여 각각 측정 가능하다.
6) 분석의 예
   - 신물질 개발의약품, 반도체, 무기재료 합성품의 구조 확인.
   - 미세구조의 연구(관능기 확인)
   - 섬유, 필름, 접착제, 페인트 등의 정성분석(ATR)
   - 단 분자의 얇은 막 측정(ATR)
   - 시료 표면의 산화, 분해, 오염에 관한 연구(DRIFT)

2-4. 분석이 가능한 시료조건

1) Solid state sample 만 가능하다. Liquid와 Gas type의 sample은 holding cell을 구비하고 있지 않기 때문에 분석이 불가능하다.
2) Transmittance 실험 시 효율적인 실험을 위해 Reference(기판, 순수한 KBr

pellet 등)가 필요하다.

3) Sample의 size는 약 지름이 1 cm 정도의 크기이면 된다.

4) 모든 시료는 바로 측정이 가능한 상태로 시료준비를 해야 한다. Polycrystalline pellet sample인 경우에는 특별한 처리가 필요하지 않지만, 소량의 powder인 경우는 KBr에 섞어 만든 pellet을 준비한다.

3. 기구 및 시약

시약 : bis-phenol, kBr

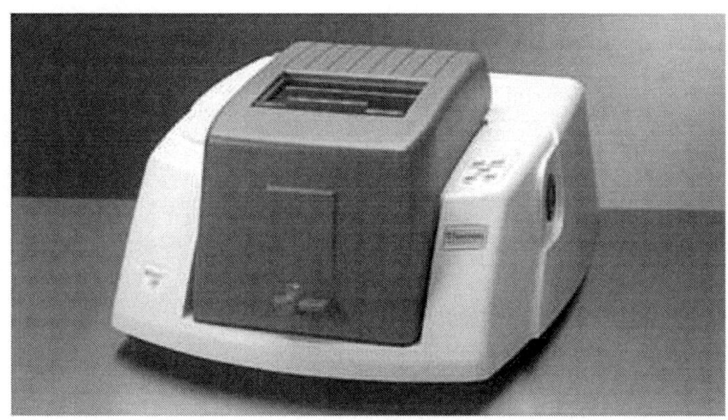

4. 실험방법

4-1. 고체시료 실험 (Bis-phenol)

시료를 KBr과 비율(200:1 정도가 적당)을 맞추어서 아주 곱게 간다.

압축판에 곱게 간 시료를 적당량 넣은 후 압축기를 이용하여
60 Mpa의 힘으로 압축시킨다.
(IR 측정용 시료는 반투명하고, 매우 얇은 것이 좋다.)

아무것도 분석기에 넣지 않고, background를 찍어서
공기 중의 CO_2 peak 같은 것을 제거한다.

시료 장착기에 압축한 시료를 넣고, 시료만의 IR peak를 찍는다.

peak를 보고, 구성물질을 분석한다.

4-2. 미지의 액체시료

투명한 KBr판에 시료를 주사기로 한 방울 떨어뜨리고, 다른 KBr 판으로 압축시켜 액체시료가 두 판 사이에 골고루 퍼질 수 있도록 한다.

시료 장착기에 이것을 장착한다.

고체측정과 마찬가지로 background를 찍는다.

시료를 장착한 시료장착기를 기기에 넣고, 시료만의 IR peak를 찍는다.

peak를 보고, 시료물질이 무엇인지 찾는다.

※ 실험시 주의사항

1) 적외선은 열선이기 때문에 열로 인해 기기에 무리가 갈 수 있으므로, 액체질소(-196℃)를 실험 시에는 기기 안에 넣어주어 기기에 열선으로 인한 무리가 가지 않도록 한다.

2) 고체시료를 측정할 때에는 적외선이 잘 통과할 수 있도록 매우 투명하고, 얇게 만들어야 한다.

5. 데이터 처리

실제 시료를 FT-IR로 분석한 데이터를 가지고, 그 물질의 성분이 무엇인지 예상해 본다. IR 스펙트럼은 종축은 퍼센트 투과율(percent transmittance)를 표시하는데 투과율이 클수록, 즉 특정 파장의 빛이 흡수가 되지 않을수록, 피크가 작게 나온다. 따라서 큰 피크는 그 파장의 빛이 강하게 흡수 된다는 것을 의미하며 이는 분자의 운동이 이 파장이 가지는 에너지와 동일하다는 것을 뜻한다. 횡축은 파장을 나타내는데 흔히 파장을 센티미터로 표시하고 이 숫자의 역수인 "wavenumber"로 축을 표시한다. 분자의 진동운동에 필요한 에너지는 대부분이 2.5에서 25 마이크로미터의 파장에 존재하기 때문에 이를 "wavenumber"로 환산하면 400에서 4000 cm^{-1} 사이의 값을 가지게 된다. 2500-4000 cm^{-1} 사이의 운동은 N-H, C-H와 O-H사이의 신축운동으로 인한 피크들이, 2000-2500 cm^{-1} 사이의 운동은 유기화합물의 경우에는 탄소와 탄소나 탄소와 질소사이의 삼중결합의 신축운동으로 인한 피크들이, 1500-2000 cm^{-1} 사이의 운동은 탄소와 탄소나 탄소와 산소사이의 이중결합의 신축운동으로 인한 피크들이 나타난다. 1500 cm^{-1} 이하의 영역은 "finger print"라고 부르는 것으로 알 수 있듯이 지문처럼 분자의 결합에 따라 다른 모양을 보여주며 분자 구조가 다를 경우 같은 스펙트럼이 나오는 경우는 없다고 할 수 있다.

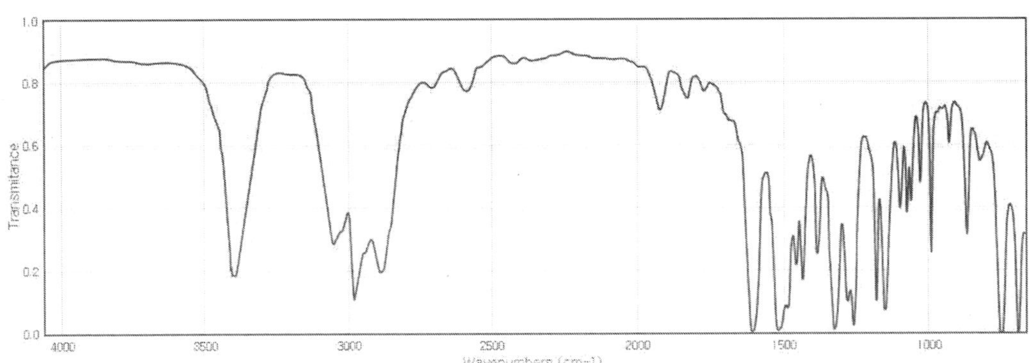

6. 보고서 작성

1) 분자진동의 종류는?

2) Lambert Beer의 법칙을 설명하여라.

3) 측정하려는 고체시료에 KBr을 섞는 이유는 무엇인가?

4) 다른 분석기기 종류에는 어떤 것이 있으며, 그 원리는? 만약 가능하다면 조사한 다른 분석기기를 이용하여 측정을 실시해보고, 분석해 보아라.

3.6 비중기(pycnometer) 사용법

1. 목 적

본 실험에서는 물질의 기본 특징인 고체의 진밀도를 분석기기를 통해 측정하고, 문헌값과 비교한다.

2. 이 론

밀도(density)는 물질의 기본적인 특성으로, 물질의 부피와 질량과의 상호관계를 나타내는 성질이다. 밀도는 일정한 온도와 압력에서 측정되어야 한다. 즉, 일정량의 질량은 온도나 압력의 변화에 대해서 불변이지만 부피는 변한다. 그러므로 밀도는 단위 부피에 대한 질량, 즉 cm^3에 대한 g(g/cm^3) 또는 ml에 대한 g(g/ml)으로 표시된다.

밀도를 측정하기 위해서는 일정한 온도와 압력 하에서 물질의 질량과 부피를 측정한다. 일반적으로 부피를 측정하는 것보다는 무게를 정확하게 측정하는 것이 실험적으로 더 편리하다. 또한 같은 장소에서 측정하면 무게의 비를 취해도 좋으므로, 비중(gravity)이란 말을 사용한다.

3. 기구 및 시약

1) 기구 : AccuPyc 1330 Pycnometer

2) 응용 : 세라믹, 플라스틱, 제약, 화장품, 식품, 치약, 윤활유 등

4. 실험방법

4-1. System Calibration

1) Sample cup에 아무것도 넣지 않고, sample cell에 넣은 후 잘 닫는다.

2) [ ] 버튼과 [·](CALIBRATE) 버튼을 차례로 누른다.

3) Calibration kit에 적혀있는 volume을 입력한다.

Volume of cal std : 6.371818

4) [ENTER] 버튼을 누른다.

5) 아래처럼 display되면, [ENTER] 버튼을 누른다.

[Enter] to start [Escape] to cancel

6) "삐"소리가 나고, 아래와 같이 display되면 sample cup에 calibration ball을 넣는다.

☞ 이때, ball을 손으로 잡지 말고, 휴지나 깨끗한 헝겊으로 잡는다.

Insert cal std [Enter] to start

7) Cell의 뚜껑을 닫는다.

8) [ENTER] 버튼을 누른다.

9) Calibration이 완료되면 "삐"소리가 세 번 울린다.

10) [ ] 버튼과 [6(PRINT)] 버튼을 차례로 눌러 calibration 결과를 출력하여 교정성적소의 수치와 비교를 한다.

4-2. Sample 분석방법

1) 분석하고자 하는 sample을 준비한다.
2) sample을 150~300℃ 사이에서 전처리시킨다.
3) sample은 상온상태까지 식힌다.
   ☞ 이때, 밀봉이 가능한 병에 넣어 불순물 흡수를 최대한 방지한다.
4) Sample의 무게를 측정하여 기록한다(이 무게가 Starting the Analysis에서 필요함.).
5) Sample cup에 sample을 넣는다.
   ☞ 이때, 습기 흡수를 최대한 방지하고자 빠르게 sample을 cup에 넣는다.

4-3. Starting the Analysis

1) [illegible] 버튼과 **4(ANALYZE)** 버튼을 차례로 누른다.
2) Sample ID를 입력하라고 나오면 숫자와 "-"을 1~20개 사이를 입력한 후 **ENTER** 버튼을 누른다.

Sample ID :

3) 다음 sample의 weight를 입력하라고 나온다(sample의 weight는 000.000~999.999g까지 가능). 이때, 기록한 무게를 입력한 후 **ENTER** 버튼을 누른다.

Sample Weight :

4) 다음과 같이 나올 때 **ENTER** 버튼을 누르면 start된다.

[Enter] to start [Escape] to cancel

5) Analysis가 끝나면 ▇▇▇▇ 버튼과 6(PRINT) 버튼을 차례로 눌러 결과를 출력한다.

5. 데이터 처리

밀 도	미지 고체 1	미지 고체 2	미지 고체 3	미지 고체 4
측정값				
문헌값				

6. 보고서 작성

1) 각 시료의 진밀도에 대한 측정값과 문헌값을 비교하시오. 만일 차이가 있다면 그 이유를 설명하시오.

2) 고체입자의 밀도를 측정방법에 따라 차이가 있는 이유를 설명하시오.

3) 고체입자의 진밀도와 겉보기 밀도값을 비교하시오. 만일 차이가 있다면 그 이유를 설명하시오.